입맛 없을 때 간단하고 맛있는 한 끼

뚝딱 한 그릇, 국수

간편하고 맛있는 음식,
국수만 한 게 있을까요?

햇볕 뜨거운 여름날 살얼음이 동동 뜬 물냉면, 눈 내리는 겨울날의 뜨끈한 우동 한 그릇, 여자들의 만찬에 빠지지 않는 파스타…. 국수는 언제나 우리를 군침 돌게 합니다. 밥 생각 없을 때 입맛을 살려주고, 뭔가 색다른 음식이 먹고 싶을 때도 고민을 해결해주지요. 한 끼를 간단히 해결하고 싶을 때도 이만한 음식이 없어요.

요즘은 집에서 요리를 하는 사람이 많지 않은 것 같아요. 외식 문화가 발달하고 배달 안 되는 음식이 없어서이기도 하지만, 더 큰 이유는 집에서 식사 준비하는 일이 번거롭게 여겨지기 때문일 거예요. 국수는 대부분 레시피가 간단해서 집에서 부담 없이 만들어 먹을 수 있어요. 반찬을 따로 만들지 않아도 되어 준비도 뒷정리도 한결 편하지요.

쉽게 만들어 맛있게 즐길 수 있는 국수를 소개합니다. 모두가 좋아하는 우리 국수부터 색다른 외국 국수까지 다양한 메뉴를 담았어요. 누구나 맛있게 만들어 먹을 수 있도록 기본 조리법도 꼼꼼히 정리했으니 요리 초보도 걱정 마세요. 곁들이면 좋은 주먹밥과 밑반찬도 챙겼답니다.

이제 배달 음식 말고 집에서 만들어 드세요. 여기 소개한 국수라면 더 맛있고 몸에 좋은 한 끼를 간편하게 만들어 먹을 수 있어요. 가볍게 즐기면서 맛과 영양을 챙기는 국수 한 그릇, 매일매일 먹어도 맛있고 즐겁습니다.

장연정

CONTENS

PART
1
비빔국수

PART
2
따뜻한 국수

PART
3
차가운 국수

CONTENS

PART
4
볶음국수

PART
5
파스타

PART
6
곁들이면 좋은 주먹밥과 밑반찬

BASICS OF NO

Basic

/

국수요리의 기본

요리의 기본, 계량법과 어림치

01
계량도구와
올바른 계량법

계량스푼

1큰술, 1/2큰술, 1작은술, 1/4작은술이 따로 있는 분리형과 양끝에 1큰술과 1작은술이 있는 일체형이 있다. 1큰술은 15mL, 1작은술은 5mL이다. 보통 일체형을 갖춰두면 쓰기 편하다.

가루와 장류는 수북이 담은 뒤, 칼등 이나 막대기로 윗면을 평평하게 깎아 낸다.

액체는 넘칠 듯 말 듯하게 담는다.

**계량스푼이
없을 때는
밥숟가락으로!**

가루와 장류는 밥숟가락 에 수북이 담은 양이 1큰술 이다.

액체는 한 숟가락 반 정도 가 1큰술이다.

음식을 맛있게 만들려면 재료의 양을 알맞게 맞춰야 한다. 올바른 계량법과 어림치를 익혀두면 실패할 걱정이 없다. 처음에는 번거로울 수 있지만 익숙해지면 요리가 쉬워진다.

계량컵

1컵, 1/2컵, 1/3컵, 1/4컵으로 이루어진 분리형과 1컵짜리 컵에 눈금이 표시되어있는 것이 있다. 정확히 계량하려면 분리형을 쓰는 것이 좋고, 1컵짜리를 쓸 경우는 내용물이 잘 보이는 투명한 컵이 편하다. 1컵의 기준은 나라마다 다르다. 우리나라와 일본은 200mL, 미국이나 영국은 240mL이므로 계량 전에 확인한다.

가루와 장류는 수북이 담은 뒤, 칼등이나 막대기로 윗면을 평평하게 깎아낸다. 밀가루는 체에 한 번 내려서 담고, 탁탁 치거나 누르지 않는다.

액체는 투명한 컵에 담아 재는 것이 편하다. 눈금을 확인할 때는 눈높이를 눈금에 맞춰서 본다.

저울

눈금저울과 전자저울이 있다. 무게를 정확히 재려면 전자저울에 재는 것이 좋다. 가정에서는 2kg까지 잴 수 있는 저울을 쓰면 적당하다.
저울을 평평한 곳에 놓고 0g인지 확인한 뒤 재료를 올려 잰다. 그릇에 담아 잴 경우는 빈 그릇을 올리고 0g으로 맞춘 뒤 재료를 올린다.

02
자주 쓰는
재료의 어림치

손으로 잴 때

국수 1줌 = 1인분
엄지와 검지로 가볍게 잡은 양으로, 500원짜리 동전만 한 굵기이다. 건면 100g 정도로 약 1인분이다.

채소 1줌
한 손으로 가볍게 잡은 양. 상추와 같은 잎채소는 20~30g, 콩나물과 숙주 같은 줄기채소는 50g, 우엉과 연근 등의 뿌리채소는 80g 정도이다.

소금 조금
엄지와 검지로 가볍게 집은 양으로 0.5g 정도이다.

재료의 어림치 무게

채소·버섯		느타리버섯 1개	10g	가공식품	
가지 1개	120g	양송이버섯 1개	17g	두부 1모	480g
감자(큰 것) 1개	210g	팽이버섯 1봉지	100g	식빵 1장	35g
고구마 1개	130g	표고버섯(큰 것) 1개	20g	어묵(네모난 것) 1장	30g
당근(큰 것) 1개	330g			어묵(둥근 것) 10cm	50g
애호박(큰 것) 1개	280g	고기·달걀		프랑크소시지 1개	35g
양파 1개	250g	쇠고기 주먹 크기	120g		
오이 1개	210g	닭다리 1개	100g	양념	
연근 1개	300g	달걀 1개	50g	고운 소금 1큰술	6g
우엉(지름 3cm) 20cm	100g			굵은 소금 1큰술	18g
풋고추(큰 것) 1개	20g	해물·건어물		고춧가루 1큰술	8g
피망 1개	100g	고등어 1마리	400g	다진 마늘 1큰술	12g
깻잎 10장	10g	조기 1마리	50g	설탕 1큰술	12g
대파 1대	45g	게 1마리	200g	통깨 1큰술	8g
무 10cm	460g	굴 1컵	130g	간장 1큰술	13g
배추 1포기	1kg	모시조개 1개	25g	올리브유 1큰술	12g
양배추 1개	800g	새우(중하) 1마리	18g	된장 1큰술	20g
시금치 1포기	14g	칵테일새우 10마리	50g	고추장 1큰술	20g
고사리·쑥갓·미나리·부추 1줌	100g	오징어 1마리	250g		
콩나물 1줌	50g	북어포·잔멸치·오징어채 1줌	15g		
		다시마 10×10cm	35g		

재료의 100g 어림치

감자

작은 것 1개

당근

큰 것 1/3개

양파

1/2개

오이

1/2개

애호박

1/2개

풋고추

8개

시금치

7포기

콩나물

1½줌

양배추

1/8개

양송이

5개

두부

1/5모

새우살

12개 (3/4컵)

덩어리 고기

8×6×1.5cm

다진 고기

3/4컵

닭가슴살

1쪽

다양한 맛, 국수의 종류

소면

굵기가 1mm 정도인 건면으로 잔치국수, 비빔국수 등에 주로 사용한다. 기계로 뽑은 소면과 손으로 만든 소면이 있는데, 손으로 만든 수연소면이 더 쫄깃하다. 쑥(녹색), 도토리(갈색), 백년초(붉은색) 등을 넣어 색깔을 낸 소면도 있다.

칼국수

밀가루 반죽을 얇게 민 다음 칼로 썰어 칼국수라는 이름이 붙었다. 보통 해물을 넣는 칼국수에는 굵은 국수를 쓰고, 고기국물에 끓일 때는 가는 국수를 쓴다. 국수를 따로 삶아서 국물에 넣기도 하고, 국물에 바로 넣어 끓이기도 한다.

메밀국수

메밀 재배량이 많은 이북지방, 특히 평안도에서 많이 먹는 국수로 북한에서 유래한 국수요리에 주로 사용한다. 메밀은 찰기가 부족해 밀가루를 섞어 국수를 뽑기도 한다. 메밀의 함량이 적을수록 쫄깃하고, 순메밀국수는 쉽게 끊어진다.

우동

통통한 일본 국수로 일본에서는 굵기가 1.7cm 이상인 국수를 우동이라고 한다. 손으로 치대어 반죽하는 수타나 발로 밟아 반죽하는 족타로 만든 우동이 밀도가 높고 쫄깃하다.

냉면

메밀가루에 녹말을 섞어 만든 국수다. 보통 함흥냉면은 녹말이 많이 들어가 질기고 밝은 회색을 띠며, 평양냉면은 메밀의 함량이 많아 잘 끊어지고 짙은 갈색을 띤다.

국수는 종류에 따라 맛도 질감도 다르다. 국수의 특징을 알면 더 맛있는 국수요리를 즐길 수 있다. 소면, 냉면, 파스타 등 다양한 국수를 소개한다.

쫄면

면발이 쫄깃해서 이름 붙여진 쫄면은 냉면을 만들다가 실수로 잘못 만들어 탄생했다. 냉면보다 굵고 탄력이 있으며 노란색을 띤다. 주재료로 사용하기도 하지만, 볶음이나 찜 요리 등에 넣는 부재료로도 인기가 많다.

중화면

두툼한 생면으로 탄력이 있고 쫄깃하다. 짜장면, 짬뽕 등의 중국요리와 국물국수에 많이 사용한다.

에그누들

밀가루에 달걀을 넣어 반죽한 홍콩 국수로 모양이 동그랗고 색깔이 노랗다. 중국에서는 오리알을 넣기도 하는데, 오리알을 넣은 것이 더 노랗고 꼬들꼬들하다. 생면과 건면이 있다.

쌀국수

쌀로 만든 국수로 단백질이 풍부하다. 굵기가 다양한데, 국물국수에는 중간 굵기의 납작한 쌀국수를 주로 사용한다. 쉽게 부서지므로 미지근한 물에 불려서 삶은 것이 포인트다.

파스타

이탈리아 국수로 듀럼밀을 굵게 간 세몰리나로 만든다. 우리에게 익숙한 스파게티도 파스타의 일종이며, 그 밖에 링귀니, 펜네, 페델리니, 라자냐 등 종류가 매우 다양하다. 속에 심이 조금 보이는 정도로 삶는 것이 좋다.

국수 요리가 쉬워지는 조리도구

스파게티 계량 도구

스파게티를 만들 때 국수의 양을 제대로 맞추지 못해 남거나 모자라는 경우가 많다. 계량 도구를 쓰면 1인분, 2인분 등 필요한 양을 쉽게 정확히 잴 수 있다.

국수 집게

삶은 국수를 건질 때나 그릇에 담을 때 사용하면 국수가 미끄러지지 않아 일이 쉽고 빨라진다. 샐러드를 덜어 담을 때 써도 좋다.

긴 젓가락

요리할 때 젓가락을 쓰면 재료를 부서뜨리거나 상처 내는 일을 줄일 수 있다. 특히 긴 젓가락은 국수를 삶을 때나 음식을 볶을 때 유용하다. 가는 젓가락은 부드럽고 연한 재료를 다룰 때, 홈이 있는 젓가락은 미끄러운 재료를 집을 때 쓴다. 조리할 때는 나무로 된 젓가락을 쓰는 것이 좋다. 쇠 젓가락은 쉽게 뜨거워져 델 수 있고, 플라스틱 젓가락은 열에 녹을 수 있으니 주의한다.

체

삶은 국수나 채소 등의 물기를 빼거나 입자가 크고 거친 재료를 고를 때 쓴다. 큰 체는 국물 내어 거를 때 건더기를 받치기 편하고, 작은 체는 된장을 푸는 등 양념을 거를 때 쓰기 좋다. 손잡이가 길고 납작한 체는 멸치 등의 작은 건더기를 건질 때, 불순물이나 기름을 걷어낼 때 편리하다.

국수 요리를 하려면 국수 삶기는 물론 국물을 내는 일도 많다. 몇 가지 도구만 있으면 국수 요리가 한결 쉽고 편해진다. 갖춰두면 좋은 조리도구를 소개한다.

국수 삶는 냄비

냄비 안에 작은 구멍이 있는 인서트 냄비가 들어있어, 국수를 삶은 뒤 인서트 냄비만 들어 올리면 국수를 한꺼번에 건질 수 있다. 국수 삶을 때뿐 아니라 국물을 낼 때도 유용하다.

볼

칼국수나 수제비 반죽을 할 때, 비빔국수를 버무릴 때 등 국수를 만들다 보면 볼이 필요할 때가 많다. 크고 작은 볼을 몇 개 준비해두면 쓰임새가 많다. 유리, 플라스틱, 스테인리스 등 소재가 다양한데, 스테인리스 볼이 가볍고 두루두루 쓰기 편하다.

면포

체에 얹어 국물을 거르거나 기름을 걸러낼 때, 두부처럼 입자가 고운 재료의 물기를 짤 때 등에 두루 쓴다. 도톰한 것보다 얇은 것이 좋고, 짜임이 성근 것보다 촘촘한 것이 좋다. 사용한 면포는 깨끗이 빨거나 삶아 완전히 말려서 두고, 오래 되면 새것으로 바꾼다.

국수 통

국수 한 봉지를 사면 먹고 남는 경우가 많다. 남은 국수를 봉지째 보관하면 국수가 부서지기 쉽고 냄새도 밸 수 있다. 투명한 원통에 담아두면 깔끔하고 편리하며 눈에 잘 띄어 필요할 때 바로 쓸 수 있다.

탱글탱글, 국수 맛있게 삶기

01
소면

step 1 물과 소금 준비하기

물을 국수의 5배 정도로 넉넉하게 붓는다. 그래야 국수를 넣었을 때 물의 온도가 떨어지지 않아 쫄깃하게 삶아지고, 국수에서 녹말이 우러나와도 서로 들러붙지 않는다. 소금을 넣으면 국수에 간도 배고, 물의 온도를 순간적으로 올려 국수가 퍼지지 않는다.

↓

step 2 국수 넣기

물이 끓으면 국수를 부채처럼 펼쳐 넣는다. 국수를 뭉쳐서 넣으면 아래는 퍼지고 위는 설익을 수 있다. 불이 너무 세서 냄비 주변으로 올라오면 국수 끄트머리가 탈 수 있으니 주의한다. 국수를 펼쳐 넣고 나서 재빨리 젓가락으로 저어 국수가 모두 물에 잠기게 한다. 끓이는 동안에는 젓지 않아도 된다.

↓

step 3 국수 삶기

국수를 넣고 얼마 지나지 않아 넘칠 듯이 부글부글 끓어오르면 차가운 물을 조금 부어 거품을 가라앉힌다. 끓어오르면 찬물 붓기를 서너 번 반복하며 국수를 속까지 익힌다. 국수는 굵기에 따라 익는 시간이 다르니 한두 가닥 건져서 찬물에 헹궈 먹어보는 것이 좋다.

국수의 맛은 면발이 좌우한다. 쫄깃한 면발은 맛은 물론 씹는 즐거움까지 선사한다. 소면, 생면, 파스타 등 종류별로 삶는 요령을 알아본다.

step 4 국수 헹구기

국수를 건져내는 동안에도 남은 열로 국수가 익을 수 있다. 국수가 익으면 냄비째 개수대로 옮겨 재빨리 건져서 찬물에 담근다. 그런 다음 손으로 비벼가며 국수가 차가워지도록 충분히 헹궈 물기를 뺀다. 헹구면서 국수의 열기로 물이 데워지면 바로 찬물로 바꾼다. 얼음을 넣고 헹궈도 좋다.

02
메밀국수

tip 메밀 생면은 물을 넉넉히 붓고 센 불에서 재빨리 삶아야 해요. 물이 넉넉해야 찬물을 부었을 때 물의 온도가 많이 내려가지 않는답니다. 메밀 건면은 소면과 같은 방법으로 삶으세요.

1 국수를 뭉치지 않도록 털어서 흩어놓는다.

2 냄비에 물을 넉넉히 부어 끓인다.

3 물이 끓으면 국수를 흩어 넣는다.

4 국수가 서로 들러붙지 않도록 젓가락으로 저으면서 끓인다.

5 끓어오르면 찬물 1/2컵을 붓는다. 이것을 두세 번 반복한다.

6 다 익으면 국수를 건져 찬물에 비벼 씻는다.

7 타래를 지어 체에 밭친다.

03
우동

tip 우동을 삶을 때 식초를 넣으면 밀가루 반죽의 글루텐 성분이 느슨해져요. 그 사이로 물이 스며들어가 우동이 매끄럽고 투명해진답니다.

1 냄비에 물을 넉넉히 부어 끓인다.

2 물이 끓으면 우동을 넣고 식초를 몇 방울 떨어뜨린다.

3 2분 정도 삶은 뒤 우동을 건져 얼음물에 씻는다.

4 체에 밭쳐 여러 번 털어 물기를 뺀다.

04
칼국수

1 국수의 녹말을 털어서 흩어놓는다. 체에 담아 흐르는 물에 헹궈도 된다.

2 냄비에 물을 국수의 5배 정도로 넉넉히 부어 끓인다.

3 물이 끓으면 국수를 흩어 넣는다.

4 국수가 서로 들러붙지 않도록 젓가락으로 저으면서 끓인다.

5 끓어오르면 찬물 1/2컵을 부어 거품을 가라앉히고, 다시 끓어오르면 또 찬물 1/2컵을 붓고 휘젓는다.

6 다시 끓어오르면 국수를 건져 찬물에 비벼 씻는다.

7 체에 밭쳐 물기를 뺀다.

생 칼국수 만들기

칼국수를 직접 반죽해 끓이면 더 맛있다. 반죽 포인트는 오래 치대는 것
이다. 치대면 치댈수록 끈기가 생겨 쫄깃해진다. 강력분과 박력분을 반
씩 섞어 반죽하는 것도 좋은 방법이다. 반죽이 질면 국수에 밀가루가 많
이 묻어 국물이 탁해지므로 주의한다.

1 밀가루에 소금을 넣고 물을 조금씩
  부어가며 되직하게 반죽한다.

2 비닐봉지에 넣어 20~30분간 두었
  다가 꺼내어 오랫동안 치대어 주무
  른다.

3 반죽에 밀가루를 뿌리며 밀대로
  0.1 ~0.2cm 두께로 민 뒤, 넓게 접
  어 0.3cm 폭으로 썬다.

4 국수가 서로 달라붙지 않게 밀가루
  를 뿌리고 털면서 흩어놓는다.

05
냉면

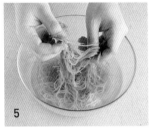

tip 냉면은 주성분이 녹말이기 때문에 오래 삶으면 퍼져서 쫄깃한 맛이 없어져요. 식초를 2~3큰술 넣고 삶으면 잡냄새가 사라져요.

1 냉면을 손으로 비벼가며 가닥가닥 푼다.

2 냄비에 물을 넉넉히 부어 끓인다.

3 물이 끓으면 풀어놓은 냉면을 넣는다.

4 냉면이 서로 들러붙지 않도록 젓가락으로 저으면서 40~50초 정도 끓인다.

5 냉면이 투명해지면 바로 건져서 재빨리 얼음물에 넣고, 빨래하듯이 비벼 녹말을 씻어낸 뒤 물기를 뺀다.

06
쌀국수

tip 쌀국수는 밀가루 국수와 달리 미지근한 물에 불려서 삶아야 해요. 삶을 때 식초를 넣으면 국수가 더 부드러워져요.

1 쌀국수를 미지근한 물에 담가 10~20분 정도 불린다.

2 냄비에 물을 넉넉히 부어 끓인다.

3 물이 끓으면 불린 쌀국수를 넣고 식초를 몇 방울 넣는다.

4 국수가 서로 들러붙지 않도록 젓가락으로 저으면서 30초간 끓인다.

5 쌀국수를 건져 흐르는 찬물에 재빨리 헹궈 식힌다.

6 체에 밭쳐 여러 번 털어 물기를 뺀다.

07

파스타

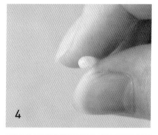

1 깊고 넓은 냄비에 파스타 100g당 2L의 비율로 물을 붓고 소금을 조금 넣어 끓인다. 소금은 2인분에 1큰술 정도 넣으면 적당하다.

2 물이 끓으면 파스타를 부채처럼 펼쳐 넣는다.

3 파스타가 서로 들러붙지 않도록 가끔씩 저으면서 끓인다. 보통 8분 정도 삶으면 적당한데, 펜네나 파르팔레 등 쇼트 파스타는 스파게티보다 삶는 시간을 조금 짧게 잡아도 된다.

4 물이 끓어 파스타가 익기 시작하면 한 가닥 건져서 잘라 가운데에 가는 심이 있는지 확인한다. 심이 조금 보이면 알맞게 익은 것이다.

5 파스타를 건져 물기를 뺀 뒤 올리브유를 조금 넣어 버무린다.

tip 파스타를 올리브유에 버무리면 윤기가 나고 국수가 붙는 것을 막을 수 있어요. 소스에 버무릴 때는 하지 않아도 돼요. 냉파스타를 만들 때는 찬물에 헹궈 물기를 뺀 뒤 올리브유에 버무리세요.

음식 맛 살리고 쓰임새 많은 기본 국물

01
멸치국물

재료 | 국물용 멸치 10마리, 다시마 5×5cm 1장, 마른표고버섯·마른고추 1개씩,
　　　물 5컵

1 국물용 멸치는 마른 팬에 볶고, 다시마는 젖은 행주로 살짝 닦는다.
2 마른표고버섯은 미지근한 물에 30분간 담가 불린다.
3 냄비에 모든 재료를 넣고 물을 부어 20분 정도 두었다가 센 불에서 끓인다.
4 팔팔 끓으면 다시마를 건져내고 15분간 더 끓인다.
5 국물을 면포에 걸러 한 김 식힌다.

tip 멸치 대신 밴댕이로
국물을 내도 좋아요. 쓴맛
이 적고 깔끔해요.

02
조개국물

재료 | 바지락(또는 모시조개) 150g, 물 6컵

1 바지락을 옅은 소금물에 1시간 정도 담가두어 해감을 뺀다.
2 바지락을 물에 담가 비벼 씻는다.
3 냄비에 바지락을 넣고 물을 부어 끓인다.
4 바지락 껍데기가 벌어지면 불을 끄고 바지락을 건져낸다.
5 국물을 면포에 걸러 한 김 식힌다.

요리의 고수는 국물에 공을 들인다. 깊고 깔끔한 국물은 음식 맛을 한층 고급스럽게 만든다. 멸치국물, 고기국물 등 국수에 자주 쓰는 국물 내기 노하우를 배워본다.

03
다시마국물

재료 | 다시마 10×10cm 1장, 물 5컵

1 다시마를 젖은 행주로 살짝 닦는다.
2 다시마를 물에 담가 30분 정도 두었다가 그대로 끓인다.
3 끓어오르면 다시마를 건져내고 5분간 더 끓인다.
4 한 김 식힌다.

04
가다랑어국물

재료 | 가다랑어포 50g, 다시마 20g, 물 2L

1 다시마를 젖은 행주로 살짝 닦는다.
2 냄비에 물을 붓고 끓인 뒤, 중불로 줄이고 다시마를 넣어 10분 정도 끓인다.
3 다시마를 건져내고 가다랑어포를 넣어 다시 10분 정도 끓인다.
4 국물을 체에 걸러 한 김 식힌다.

05

쇠고기국물

재료 | 쇠고기(양지머리) 300g, 대파 1대, 마늘 3쪽, 통후추 5알, 물 12컵

1 쇠고기를 찬물에 30분 정도 담가 핏물을 뺀다.
2 냄비에 쇠고기, 대파, 마늘, 통후추를 넣고 찬물을 부어 끓인다. 고기를 찬물에 넣어 끓여야 맛이 잘 우러난다.
3 떠오르는 불순물을 걷어내면서 한소끔 끓인 뒤, 불을 줄이고 뚜껑을 덮어 은근하게 30분 이상 끓인다.
4 국물을 면포에 걸러 한 김 식힌다.

06

닭국물

재료 | 닭 1마리, 대파 1대, 마늘 10쪽, 통후추 10알, 물 15컵

1 닭을 속까지 핏기 없이 깨끗이 씻는다.
2 냄비에 모든 재료를 넣고 물을 부어 센 불에서 끓인다.
3 끓어오르면 중불로 줄여 뼈에서 살이 떨어질 때까지 푹 삶는다.
4 국물을 면포에 걸러 한 김 식힌다.

07
사골국물

재료 | 사골 3kg, 잡뼈 1kg, 물 4L

1 사골과 잡뼈를 찬물에 4시간 정도 담가 핏물을 뺀다. 1시간 간격으로 물을 갈면 좋다.
2 냄비에 사골와 잡뼈를 넣고 물을 넉넉히 부어 센 불에서 끓인다.
3 불순물이 떠오르면 물을 버리고 뼈를 씻는다.
4 사골과 잡뼈를 냄비에 넣고 다시 물 4L를 부어 센 불에 끓이다가, 팔팔 끓으면 중 불로 줄인다.
5 국물이 뽀얗게 우러나면 불을 끄고 한 김 식힌다.

국물 보관은 이렇게!

1주일 안에 쓸 국물은 냉장실에 둔다. 눈금이 있는 통에 담아두면 국물의 양을 쉽게 알 수 있고 따로 계량하지 않아도 되어 편리하다. 1주일 이상 둘 것은 냉동 보관한다. 튼튼한 지퍼백이나 우유팩에 1회분씩 담아 냉동실에 넣어두고 하나씩 꺼내 쓰면 편하다.

국수에 곁들이면 맛있는 양념장

기본 양념장

재료 | 간장 2큰술, 물 1큰술, 풋고추·홍고추 1/3개씩,
　　　청주·설탕·참기름 1작은술씩, 깨소금 1/2작은술

1 풋고추와 홍고추를 잘게 다진다.
2 간장, 청주, 물, 설탕을 잘 섞은 뒤 참기름과 깨소금, 다진
　고추를 넣어 섞는다.

부추양념장

재료 | 부추 10g, 간장 2큰술, 고춧가루 1큰술,
　　　다진 마늘 1/2큰술, 참기름 1/2큰술, 깨소금 1큰술

1 부추를 송송 썬다.
2 부추와 나머지 재료를 섞는다.

약고추장

재료 | 다진 쇠고기 50g, 고추장 4큰술,
　　　간장·설탕·참기름 1큰술씩, 통깨 1작은술
　　　고기 양념 ┌ 다진 마늘 1큰술, 청주 1큰술,
　　　　　　　　└ 후춧가루 조금

1 다진 쇠고기를 양념에 잰다.
2 달군 팬에 참기름을 두르고 쇠고기를 볶다가, 나머지 재
　료를 넣고 약한 불에서 볶는다.

된장양념장

재료 | 된장 4큰술, 표고버섯 2개, 풋고추·홍고추 1개씩,
　　　다진 파·다진 마늘 3큰술씩, 설탕 2큰술,
　　　참기름·깨소금 1큰술씩

1 표고버섯을 잘게 다지고, 풋고추와 홍고추도 씨를 빼 다
　진다.
2 표고버섯과 고추, 나머지 재료를 섞는다.

기본 양념장

부추양념장

약고추장

된장양념장

국수의 완성은 양념장이다. 깔끔한 간장양념장, 매콤 달콤한 초고추장 등 국수뿐 아니라 다양한 요리에 쓰임새 많은 양념장을 소개한다.

초고추장

고기된장양념장

초고추장

재료 | 고추장 2큰술, 식초·레몬즙·설탕 1큰술씩,
　　　 매실청 1작은술

1 볼에 모든 재료를 넣어 설탕이 녹을 때까지 잘 섞는다.

고기된장양념장

재료 | 다진 쇠고기 60g, 양파 40g, 풋고추·홍고추 1개씩,
　　　 참기름·통깨 1작은술씩, 식용유 조금, 물 1/2컵
　　　 된장양념장 ┬ 된장 2큰술, 고추장·올리고당 1큰술씩,
　　　　　　　　│ 다진 파·다진 마늘·다진 생강 1작은술씩,
　　　　　　　　└ 설탕 1작은술, 후춧가루 조금

1 양파와 고추를 다진다. 다진 쇠고기는 된장양념장과 섞는다.
2 달군 팬에 기름을 두르고 양파를 살짝 볶아 향을 낸 뒤, 고기
　 섞은 된장양념장과 물을 넣어 약한 불로 조린다.
3 ②에 다진 고추와 참기름, 통깨를 넣어 섞는다.

**풍미를 올리는
만능 채소기름**

채소기름을 만들어두면 쉽게 음식 맛을 낼 수 있다. 해물요리에는 마늘기름을, 고기요리에는
생강기름을 쓰면 좋다. 냉장 보관하면 3개월 정도 둘 수 있다.

마늘기름

재료 | 다진 마늘 10쪽분, 식용유 1컵

1 기름을 중불에 끓여 뜨거워지면 다진 마늘
　 을 넣고 갈색이 날 때까지 볶는다.
2 마늘기름을 충분히 식혀 체에 거른다.

페페론치노마늘기름

재료 | 저민 마늘 20쪽분,
　　　 굵게 썬 페페론치노 10g, 통후추 조금,
　　　 식용유 1컵

1 유리병에 마늘과 페페론치노를 담고 끓인
　 기름을 부어 식힌다.

파기름

재료 | 잘게 썬 대파 2대분, 통후추 조금,
　　　 식용유 1컵

1 팬에 대파와 기름을 넣고 약한 불에 볶다가,
　 파가 갈색으로 변하면서 거품이 나면 통후
　 추를 넣고 불을 끈다.
2 파기름을 충분히 식혀 체에 거른다.

생강기름

재료 | 저민 생강 3쪽분, 식용유 1컵

1 생강을 체에 담고 끓인 기름을 조금씩 부
　 으며 우려 식힌다.

요리의 화룡점정, 고명

당근

맛은 물론 색을 더하는 데도 그만이어서 여러 요리에 빠지지 않는 채소다. 달고 향긋하며 주황빛깔이 식욕을 돋워 고명으로 쓰기 좋다. 채 썰어 올려도 좋고, 다양한 모양 틀을 이용해 포인트를 줘도 예쁘다. 따뜻한 국수 등에는 볶아서 쓰기도 한다.

실파

실파는 뿌리부터 잎까지 굵기가 일정하고 진액이 적으며 익히지 않고 먹어도 부담이 없어 고명으로 쓰기 좋다. 송송 썬 실파는 다양한 음식에 두루 어울리며, 길게 썰어 올리면 음식이 깔끔해 보인다. 맑은 국물요리에는 3cm 길이로, 건더기가 많은 국물요리에는 어슷하게 썰어 올리면 좋다.

지단

고기 등 색이 진한 음식이나 간장으로 양념한 음식에 올리면 먹음직스럽다. 고기요리에는 마름모꼴로, 국수에는 도톰하게 채 썰어 올리면 보기 좋다. 흰자와 노른자를 나눠서 부쳐도 되고, 흰자와 노른자의 비율을 조절해 원하는 색을 만들어도 좋다.

지단 만들기	
1	달걀을 알끈을 떼어내고 곱게 푼 뒤, 소금으로 약하게 간해 체에 한 번 거른다.
2	달군 팬에 기름을 두르고 불을 줄인 뒤, 종이타월로 기름을 조금만 남기고 닦아낸다.
3	푼 달걀을 팬에 부어 넓게 편다. 달걀 표면이 마르면 뒤집지 말고 젓가락으로 들어서 꺼낸다.
4	한 김 식혀서 고운 채, 직사각형, 마름모꼴 등 원하는 모양으로 썬다.

고명이 정성스럽게 올라간 음식은 보기 좋을 뿐 아니라 맛도 있다. 특히 한 그릇에 담는 국수는 고명의 역할이 더 중요하다. 음식을 빛내는 포인트가 된다.

어린잎채소

색과 모양이 다양해 음식을 풍성하고 보기 좋게 만든다. 아삭아삭 연하고 부드러운 맛이 좋아 비빔국수는 물론 고기요리, 튀김 등 다양한 요리와 어울린다.

덴카츠

튀김 반죽을 끓는 기름에 탁탁 뿌려 꽃처럼 튀긴 것으로 일본 음식에 자주 쓴다. 우동 등에 올리면 고소하고 바삭해 맛있다. 시중에서 쉽게 살 수 있고, 만드는 방법도 간단하다.

덴카츠 만들기	1 튀김가루·감자녹말·찬물 1/4컵씩과 얼음 1조각을 섞는다. 2 170℃의 기름에 반죽을 뿌리듯이 넣어 바삭하게 튀겨낸다.

새싹채소

알록달록 여러 색을 지닌 새싹채소는 식욕을 자극한다. 고기요리나 비빔국수 등에 고명으로 올리면 아삭하고 상큼한 맛을 더한다.

마늘 플레이크

음식 모양을 살릴 뿐 아니라 바삭하고 고소하며 아린 맛이 없어 아이들도 맛있게 먹을 수 있다. 볶음국수나 커리, 스테이크, 돈가스 등에 올리면 고급스럽다. 만들기도 쉽고, 마트에서 살 수도 있다.

마늘 플레이크 만들기	1 마늘을 얇게 저며서 찬물에 담가 아린 맛을 뺀다. 2 170℃의 기름에 노릇하게 튀기거나, 180~200℃의 오븐에 5분 정도 바삭하게 굽는다.

PART 1

/

비빔국수

BIBIM NOODLES

골뱅이비빔국수

매콤 새콤한 골뱅이무침에는 소면이 제격이에요.
별미 국수로 입맛 돋우는 한 끼를 준비해보세요.

재료_2인분

소면 200g
골뱅이 통조림 1개(140g)
오이 1/2개
양파 1/4개
양배추 3장
깻잎 4장
통깨 조금

양념장

고추장 2큰술
고춧가루 2큰술
설탕 2작은술
식초 2큰술
청주 1큰술
다진 마늘 1큰술
참기름 1작은술

만들기

1 오이와 양파, 양배추, 깻잎은 깨끗이 씻어 채 썬다.

2 골뱅이는 체에 밭쳐 물기를 빼고 먹기 좋은 크기로 썬다.

3 양념장 재료를 잘 섞는다.

4 끓는 물에 소면을 삶아서 찬물에 헹궈 물기를 뺀 뒤 양념장에 비빈다.

5 비빈 국수에 채 썬 채소와 골뱅이를 넣고 버무려 그릇에 담고 통깨
　를 솔솔 뿌린다.

tip 개봉한 골뱅이 통조림은 캔에 담긴 채로 두면 산패하기 쉬워요. 캔에서 꺼내어 국물과
　　함께 밀폐용기에 담아 냉장 보관하세요.

매콤 낙지비빔국수

매콤한 낙지볶음에 국수를 비벼 먹는 맛이 별미예요.
양념장을 따로 만들어 곁들여야 낙지볶음이 짜지지 않아요.

재료_2인분

소면 200g
낙지 1마리
양파 1/2개
미나리·셀러리 30g씩
대파 1/4대
청·홍고추 1개씩
참기름 1큰술
밀가루 2큰술

낙지 양념

고추장 2큰술
고춧가루 1큰술
설탕·청주 1큰술씩
다진 마늘 1작은술
소금·후춧가루 조금씩

양념장

고추장·참기름 2큰술씩
고춧가루 1큰술
간장·설탕 1큰술씩
식초·매실청 2큰술씩
깨소금 1/2큰술

만들기

1 양념장 재료를 잘 섞는다.

2 낙지는 머리를 뒤집어 내장과 먹물을 뺀 뒤, 밀가루를 뿌려 바락바락 주무르고 흐르는 물에 여러 번 헹군다. 손질한 낙지는 적당한 크기로 썬다.

3 양파는 채 썰고, 미나리와 셀러리는 5cm 길이로 썬다. 대파와 고추는 어슷하게 썬다.

4 끓는 물에 소면을 삶아서 찬물에 여러 번 헹궈 물기를 뺀다.

5 달군 팬에 참기름을 두르고 양파를 볶다가 대파, 셀러리, 낙지를 넣고 낙지 양념을 넣어 센 불에서 볶는다. 낙지가 익으면 미나리와 고추를 넣고 조금 더 볶는다.

6 그릇에 삶은 소면을 담고 양념장과 낙지볶음을 올린다.

tip 낙지는 오래 볶으면 질겨지고 물이 생겨 양념이 겉돌아요. 센 불에서 재빨리 볶아야 양념이 잘 어우러지고 낙지도 야들야들 맛있답니다.

꼬막비빔국수

쫄깃한 꼬막살과 신선한 봄동, 향긋한 깻잎을 넣어 새콤달콤하게
비볐어요. 청양고추를 다져 넣어 맛있게 매워요.

재료_2인분

소면 150g
꼬막 20개
봄동 1/4개
깻잎 10장
어린잎채소 1줌
깨소금 조금

양념장

청양고추 1개
고춧가루 2큰술
고추장 1큰술
간장·설탕 1큰술씩
올리고당 2큰술
식초·청주 2큰술씩
다진 마늘 1큰술
후춧가루 조금

만들기

1 꼬막을 깨끗이 씻어 끓는 물에 넣고 한쪽 방향으로 저으면서 삶는다.
  꼬막이 벌어지기 시작하면 건져서 맑은 물에 헹궈 살만 발라낸다. 꼬
  막 삶은 물은 버리지 말고 따로 둔다.

2 봄동과 깻잎은 굵게 채 썰고, 어린잎채소는 씻어 물기를 뺀다.

3 끓는 물에 소면을 삶아서 찬물에 헹궈 물기를 뺀다.

4 청양고추를 다져서 나머지 재료와 섞어 양념장을 만든다.

5 그릇에 소면을 담고 꼬막살과 봄동, 깻잎, 어린잎채소를 올린 뒤 깨
  소금을 뿌린다. 양념장을 곁들인다.

tip 끓는 물에 찬물을 조금 넣어 온도를 떨어뜨린 뒤 꼬막을 삶으면 더 쫄깃해요. 팔팔 끓
는 물에 꼬막을 넣으면 너무 빨리 벌어져 육즙이 빠지고 윤기도 사라집니다. 휘저으면
꼬막살이 찢어질 수 있으니 한쪽으로만 저으세요.

골동면

갖가지 재료를 넣고 간장 양념으로 버무린 궁중식 비빔국수.
맛이 순해 아이들은 물론 어르신들이 드시기에도 좋아요.

재료_2인분

소면 200g
쇠고기 100g
표고버섯 2개
오이 1/2개
빨강 파프리카 1/2개
달걀 1개
식용유 적당량

쇠고기·표고버섯 양념

간장·설탕 1/2큰술씩
다진 파 1작은술
다진 마늘 1작은술
참기름·깨소금 1작은술씩
후춧가루 조금

양념장

간장 2큰술
다시마국물 2큰술
설탕 1큰술
다진 마늘 1/2작은술
참기름 1큰술

만들기

1 오이, 파프리카, 표고버섯, 쇠고기를 채 썬다.

2 채 썬 쇠고기와 표고버섯은 각각 양념한다.

3 달걀을 노른자만 걸러 곱게 푼 뒤, 약한 불로 달군 팬에 지단을 부쳐 채 썬다.

4 달군 팬에 기름을 두르고 채 썬 오이와 파프리카, 양념해둔 쇠고기와 표고버섯을 각각 볶는다.

5 끓는 물에 소면을 펼쳐 넣고 삶은 뒤, 찬물에 여러 번 헹궈 물기를 뺀다.

6 삶은 소면에 볶은 채소, 버섯, 쇠고기, 지단을 반씩 넣고 양념장을 넣어 골고루 버무린다.

7 그릇에 버무린 국수를 담고 남은 재료들을 고명으로 올린다.

tip '골동'이라는 말은 여러 재료가 섞인다는 뜻이라고 해요. 쇠고기와 여러 가지 재료를 섞어 만든 골동면은 궁중떡볶이와 비슷해서 양념이 남으면 궁중떡볶이를 만들어도 좋아요.

쟁반막국수

커다란 접시에 푸짐하게 담아 매콤 새콤한 양념장에 비벼 먹는
쟁반막국수. 여름철 입맛 돋우는 데 최고예요.

재료_2인분

메밀국수 200g
달걀 2개
방울토마토 5개
오이 1/2개
양배추 2장
적양배추 2장
상추 3장
소금 조금
다진 땅콩 조금

양념장

메밀국수 삶은 물 3큰술
고춧가루 3큰술
간장·설탕 1큰술씩
식초 3큰술
물엿 2큰술
겨자 1큰술
다진 마늘 1작은술
참기름 조금

만들기

1 달걀은 완숙으로 삶아 찬물에 잠시 담가두었다가 껍데기를 벗기고
납작납작 썬다.

2 방울토마토는 꼭지를 떼어 반 썰고, 오이는 4cm 길이로 곱게 채 썬다.

3 양배추와 적양배추, 상추는 각각 4cm 길이로 채 썰어 찬물에 담가
두었다가 물기를 뺀다.

4 끓는 물에 메밀국수를 펼쳐 넣고 저어가며 삶는다. 쫄깃하게 삶아지
면 건져서 찬물에 비벼 헹군 뒤 체에 밭쳐 물기를 뺀다. 메밀국수 삶
은 물은 버리지 말고 따로 둔다.

5 메밀국수 삶은 물 3큰술에 나머지 양념을 넣고 골고루 섞어 양념장
을 만든다.

6 큰 접시 가운데에 메밀국수를 놓고 준비한 채소와 달걀, 방울토마토
를 돌려 담은 뒤, 양념장을 올리고 다진 땅콩을 뿌린다.

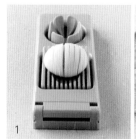

tip 쟁반막국수에 쇠고기 사태나 닭가슴살을 삶아 찢어 넣으면 영양도 보완되고 더 맛있어
요. 입맛에 따라 깻잎이나 건포도를 넣어도 좋아요.

구운 쇠고기 비빔냉면

비빔냉면을 색다르게 먹을 수 있는 방법.
맛있게 구운 쇠고기를 올려 맛과 영양을 업그레이드했어요.

재료_2인분

냉면 200g
쇠고기 200g
오이 1/2개
배 1/2개
부추 2~3줄기
양파 1/2개
참기름 조금
식용유 조금

쇠고기 양념

간장 2큰술
설탕·청주 1큰술씩
다진 마늘 1작은술
후춧가루 조금

양념장

고추장 3큰술
간장·설탕 1큰술씩
식초 2큰술
올리고당 2큰술
다진 마늘 1작은술
참기름 1큰술
깨소금 1작은술

만들기

1 쇠고기는 먹기 좋은 크기로 얇게 저며 양념에 잰다.

2 오이는 5cm 길이로 토막 낸 뒤 돌려 깎아 채 썰고, 배는 껍질을 벗겨 채 썬다. 부추는 5cm 길이로 썬다.

3 양파는 채 썰어서 찬물에 담가 매운맛을 뺀다.

4 끓는 물에 냉면을 넣고 저어가며 삶은 뒤, 얼음물에 헹궈 물기를 뺀다.

5 양념장 재료를 섞어 냉장고에서 숙성시킨다.

6 달군 팬에 식용유를 두르고 재둔 쇠고기를 굽는다.

7 삶은 냉면에 오이, 배, 부추, 양파와 숙성시킨 양념장을 넣어 버무린다.

8 그릇에 버무린 냉면을 담고 구운 쇠고기를 올린다.

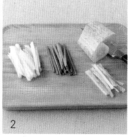

tip 쇠고기를 숯불에 구우면 더 맛있어요. 간편하게 숯불 맛을 내려면, 고기 굽는 팬 한쪽에 알루미늄 포일을 올려놓고 이쑤시개에 불을 붙여 그 위에 올린 뒤 뚜껑을 닫아 구우세요. 고기에 불 향이 배어 더 맛있게 즐길 수 있습니다.

달래비빔국수

간장 양념으로 비비고 참기름으로 고소함을 더한 비빔국수예요.
향긋한 달래 향이 입맛을 돋워요.

재료_2인분

소면 200g
다진 쇠고기 80g
달래 1/2줌
홍고추 1/3개
참기름 2큰술
통깨 조금
식용유 조금

쇠고기 양념

간장·설탕 1작은술씩
다진 마늘 1/2큰술
후춧가루 조금

양념장

간장 1큰술
설탕 1/2큰술
올리고당 1큰술
다진 마늘 1/2작은술
깨소금 1큰술
후춧가루 조금

만들기

1 쇠고기는 종이타월에 올려 핏물을 뺀 뒤 양념에 잰다.

2 달래는 다듬어 씻어 먹기 좋은 길이로 썰고, 홍고추는 씨를 빼고 채
  썬다.

3 달군 팬에 기름을 두르고 쇠고기를 볶는다.

4 끓는 물에 소면을 삶아서 찬물에 헹궈 물기를 뺀다.

5 삶은 소면에 볶은 쇠고기와 양념장을 넣고 비빈 뒤, 달래와 홍고추
  를 넣어 가볍게 버무린다. 마지막에 참기름을 넣는다.

6 그릇에 버무린 국수를 담고 통깨를 뿌린다.

tip 참기름은 양념장에 섞어도 되지만 먹기 직전에 뿌려야 더 맛있어요. 특히 보관하려면
참기름을 빼고 만들어 냉장고에 두세요.

김치비빔국수

국수가 생각날 때 집에 있는 재료로 후다닥 만들 수 있는 비빔국수.
소박하면서 간단하게 차려낼 수 있는 한 끼예요.

재료_2인분

소면 200g
김치 1컵(200g)
치커리 4줄기
양파 1/4개
실파 4뿌리

김치 양념

설탕 1큰술
참기름 1작은술

양념장

김칫국물 3큰술
고추장 1큰술
고춧가루 1작은술
올리고당 1큰술
다진 마늘 1/2작은술
참기름·통깨 1큰술씩

만들기

1 김치는 송송 썰어 설탕과 참기름으로 양념해둔다.

2 치커리는 잎 부분만 먹기 좋은 크기로 뜯고, 실파는 송송 썬다. 양파
　는 곱게 채 썰어 찬물에 담가 매운맛을 뺀다.

3 양념장 재료를 잘 섞는다.

4 끓는 물에 소면을 삶아서 찬물에 여러 번 헹궈 물기를 뺀다.

5 그릇에 삶은 소면을 담고 양념한 김치와 치커리, 양파, 양념장을 올
　린 뒤 실파를 뿌린다.

tip 치커리 대신 냉장고에 있는 상추나 오이를 넣어도 좋아요. 달걀을 삶아서 곁들이면 영
　　양을 보완할 수 있어요.

열무비빔국수

새콤하게 잘 익은 열무김치만 있으면 맛있는 비빔국수가 뚝딱!
열무가 제철인 여름에 해 먹으면 더 좋답니다.

재료_2인분

소면 200g
열무김치 100g
오이 1/2개
달걀 1개
통깨 조금

열무김치 양념

참기름·통깨 조금씩

양념장

열무김치 국물 2큰술
고추장 3큰술
간장·식초·설탕 1큰술씩
다진 마늘 1큰술

만들기

1 달걀은 완숙으로 삶아 찬물에 잠시 담가두었다가 껍데기를 벗기고 반 자른다.

2 열무김치는 먹기 좋게 썰어 참기름과 통깨에 버무리고, 오이는 5cm 길이로 채 썬다.

3 열무김치 국물에 나머지 양념장 재료를 모두 넣고 골고루 섞는다.

4 끓는 물에 소면을 삶아서 찬물에 비벼가며 헹궈 물기를 뺀다.

5 삶은 소면에 열무김치, 오이, 양념장을 넣어 버무린다.

6 그릇에 열무비빔국수를 담고 삶은 달걀을 올린 뒤 통깨를 뿌린다.

tip 열무김치 국물과 물 1컵씩, 식초와 설탕 1큰술씩을 잘 섞은 뒤 냉동실에서 살얼음을 만들어 삶은 국수에 부으면 시원한 열무냉국수를 맛볼 수 있어요.

채소비빔국수

냉장고 속 남은 재료를 활용해서 만들기 좋은 국수예요.
양념장만 잘 만들면 있는 재료로 얼마든지 맛있게 만들 수 있어요.

재료_2인분

소면 200g
콩나물 1줌
오이 1/3개
양배추 2장
양상추 30g
치커리 20g
어린잎채소 20g
통깨 조금

콩나물 밑간

소금·참기름 조금씩

양념장

고추장 5큰술
간장 1큰술
식초·설탕 2큰술씩
매실청 1큰술
들기름 1큰술
생강즙 1작은술

만들기

1 오이, 양배추, 양상추는 5cm 길이로 채 썰고, 치커리도 같은 길이로 썬다. 어린잎채소는 씻어 물기를 뺀다.

2 콩나물은 끓는 물에 살짝 데쳐 소금, 참기름으로 밑간한다.

3 끓는 물에 소면을 삶아서 찬물에 여러 번 헹궈 물기를 뺀다.

4 삶은 소면에 콩나물과 양념장을 넣어 비빈 뒤, 준비한 채소를 반만 넣어 버무린다.

5 그릇에 채소비빔국수를 담고 남은 채소를 올린 뒤 통깨를 뿌린다.

tip 콩나물 대신 냉장고에 있는 채소를 써도 돼요. 국수를 쫄면으로 대체해도 좋아요.

차돌비빔국수

매운 비빔국수에 차돌박이를 넣어 맛이 한결 부드러워요.
차돌박이와 잘 어울리는 대파를 넉넉히 넣어야 맛있어요.

재료_2인분

소면 200g
차돌박이 100g
오이·양파 1/2개씩
대파 1/2대
상추 4장
소금 조금

양념장

고추장 2큰술
간장·식초 1큰술씩
설탕 2큰술
다진 마늘 1/2큰술
참기름 1큰술

만들기

1 차돌박이는 종이타월에 올려 핏물을 뺀다.

2 오이, 양파, 대파, 상추는 5cm 길이로 채 썬다. 대파는 찬물에 담가
　매운맛을 뺀다.

3 양념장 재료를 잘 섞는다.

4 끓는 물에 소면을 삶아서 찬물에 헹궈 물기를 뺀다.

5 달군 팬에 차돌박이를 소금으로 간해 굽는다.

6 삶은 소면에 양념장을 넣어 비빈 뒤 채 썬 채소를 넣어 버무린다.

7 그릇에 버무린 국수를 담고 구운 차돌박이를 올린다.

tip　냉동 차돌박이를 사용할 때는 실온에 두지 말고 냉장실에서 해동하세요. 차돌박이를
　　굽지 않고 끓는 물에 데쳐서 넣어도 좋아요.

매운 황태쫄면

아삭한 콩나물과 오이, 매콤 달콤 새콤한 황태무침을 올린 쫄면.
양념장에 사과를 갈아 넣어 향긋한 맛이 나요.

재료_2인분

쫄면 400g
황태포 1줌(40g)
콩나물 200g
오이·적양파 1/2개씩
달걀 1개
참기름 1큰술
통깨 조금

양념장

사과 1/2개
고추장 3큰술
고춧가루 1큰술
간장·설탕 1큰술씩
식초 2큰술
매실청 1큰술
겨자 1/2작은술

만들기

1 사과를 강판에 곱게 갈아 나머지 양념장 재료와 섞은 뒤, 냉장고에
서 20분 정도 숙성시킨다.

2 황태는 미지근한 물에 담갔다가 물기를 꼭 짜고, 달걀은 완숙으로
삶아 반 자른다.

3 콩나물은 삶아서 체에 밭쳐 물기를 빼고, 오이와 적양파는 5cm 길
이로 채 썬다.

4 끓는 물에 쫄면을 쫄깃하게 삶아서 찬물에 여러 번 헹궈 물기를 뺀다.

5 숙성시킨 양념장을 반 덜어 황태를 밑간한다.

6 그릇에 삶은 쫄면을 담고 채소와 양념한 황태, 달걀을 올린 뒤 나머
지 양념장을 얹는다. 마지막에 참기름과 통깨를 뿌린다.

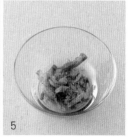

tip 쫄면은 냉면처럼 가닥을 풀어서 삶아야 해요. 물을 넉넉히 붓고 가는 것은 2분 30초,
굵은 것은 3~4분간 삶으세요.

얌운센

칼로리가 높지 않아 다이어트에 좋은 태국식 샐러드예요.
입 안 가득 이국의 맛을 즐길 수 있어요.

재료_2인분

가는 쌀국수 250g
오징어 몸통 1마리분
칵테일새우 1컵
오이·양파 1/3개씩
빨강 파프리카 1/2개
노랑 파프리카 1/2개
청양고추·홍고추 1개씩
고수 조금

얌운센 소스

피시 소스 3큰술
두반장 1큰술
설탕 2큰술
라임 즙 1큰술
다진 마늘 조금

만들기

1 오징어는 깨끗이 씻어 껍질을 벗기고 칼집을 내어 한입 크기로 썬다. 오징어와 새우를 끓는 물에 살짝 데쳐 찬물에 헹군 뒤, 체에 밭쳐 물기를 뺀다.

2 쌀국수를 미지근한 물에 10분 정도 불린 뒤, 끓는 물에 데쳐서 찬물에 헹궈 물기를 뺀다.

3 오이, 양파, 파프리카는 가늘게 채 썰고, 청양고추와 홍고추는 송송 썬다.

4 얌운센 소스 재료를 잘 섞는다.

5 데친 쌀국수에 채소, 해물을 넣고 소스를 조금씩 넣어가며 간을 맞춰 버무린다.

6 그릇에 얌운센을 담고 고수 잎을 올린다.

tip 입맛에 따라 고수 대신 다진 땅콩을 뿌려도 좋아요.

해초곤약국수

칼로리가 거의 없는 실곤약을 매콤하게 비볐어요.
해초를 듬뿍 넣고 닭가슴살로 단백질을 보완한 다이어트 국수입니다.

재료_2인분

실곤약 400g
해초 100g
시판 닭가슴살 200g
어린잎채소 1줌
오이 1/2개

양념장

고추장 1큰술
설탕 1/2작은술
사과식초 1큰술
매실청 1큰술
칠리소스 1큰술
다진 마늘 1작은술

만들기

1 실곤약은 흐르는 물에 깨끗이 씻어 끓는 물에 살짝 데친 뒤 찬물에
  헹궈 물기를 뺀다.

2 닭가슴살은 먹기 좋은 크기로 찢는다.

3 해초와 어린잎채소는 깨끗이 씻어 물기를 빼고, 오이는 채 썬다.

4 양념장 재료를 잘 섞는다.

5 그릇에 실곤약을 담고 채소, 해초, 닭가슴살을 얹은 뒤 양념장을 곁
  들인다.

1

2

3

4

tip 시중에서 파는 동치미냉면 육수를 이용해 해초곤약물국수로 먹어도 맛있어요.

WARM NOODLES

PART 2

따뜻한 국수

바지락칼국수

조개국물이 시원한 칼국수예요. 바지락은 타우린이 풍부해
특히 술 마신 다음 날 해장용으로 인기예요.

재료_2인분

칼국수 400g
고추장아찌 2개
부추 1/2줌
당근 20g
홍고추 1개
대파 1대
실파 2뿌리
소금·후춧가루 조금씩

국물

바지락 2컵
국간장 2큰술
물 8컵

만들기

1 바지락을 옅은 소금물에 담가 해감을 토하게 한 뒤 비벼 씻어 건진다.

2 냄비에 바지락을 넣고 물을 부어 끓인다. 바지락이 입을 벌리면 불을
   끈 뒤, 바지락은 건져두고 국물은 체에 걸러 국간장으로 간한다.

3 고추장아찌는 잘게 다진다.

4 부추와 실파는 5cm 길이로 썰고, 당근은 채 썰고, 홍고추와 대파는
   어슷하게 썬다.

5 ②의 국물을 다시 끓이다가 칼국수를 넣고 끓인다. 칼국수가 반쯤
   익으면 바지락을 넣고 좀 더 끓이다가 당근과 대파, 실파, 고추를 넣
   고 소금, 후춧가루로 간한다.

6 그릇에 바지락칼국수를 담고 부추와 다진 고추장아찌를 올린다.

1 2 3 4 5

tip 북어국물을 만들어 냉동실에 얼려두었다가 칼국수 국물로 쓰면 좋아요. 북어국물은 북
어머리 1개, 양파 1/2개, 대파 1/2대, 다시마 10×10cm 1장, 물 9컵을 한소끔 끓인
뒤 체에 걸러 식혀서 만들어요.

곰국수

칼국수 하나도 영양을 듬뿍 담아 정성껏 준비해보세요.
담백한 곰국에 국수만 말아 내면 되니 만들기도 쉬워요.

재료_2인분

칼국수 300g
애호박 1/3개
양파 1/2개
대파(흰 부분) 1/2대
목이버섯 1줌
다진 마늘 1작은술
소금 1작은술
후춧가루 조금
식용유 조금
사골국물 5컵

양념장

다진 파 4큰술
다진 마늘 1작은술
국간장·물 1큰술씩
고춧가루 1작은술
설탕 1작은술
참기름·깨소금 1작은술씩

사골국물 내기

사골 500g
물 20컵

만들기

1 사골을 찬물에 2시간 정도 담가 핏물을 뺀 뒤 냄비에 넣고 물을 넉넉히 부어 끓인다. 중불에서 찌꺼기를 걷어내면서 국물이 푹 우러나도록 끓인다.

2 애호박과 양파는 채 썰고, 대파는 송송 썰고, 목이버섯은 불려서 한 입 크기로 썬다.

3 달군 팬에 기름을 두르고 애호박, 양파, 목이버섯을 각각 소금, 후춧가루로 간해 볶는다.

4 칼국수는 묻어있는 밀가루를 흔들어 턴다.

5 냄비에 사골국물 5컵을 부어 끓이다가 칼국수, 다진 마늘을 넣고 7분 정도 끓인 뒤 소금, 후춧가루로 간한다.

6 그릇에 칼국수를 담고 볶은 애호박, 양파, 목이버섯을 올린 뒤, 대파와 후춧가루를 뿌리고 양념장을 곁들인다.

1   2   3   4   5

tip 사골국물을 낼 때 사골과 잡뼈를 섞으면 좋아요. 넉넉히 끓여두면 다양하게 활용할 수 있어요. 사골국물 내기가 어려우면 시판 제품을 이용해도 됩니다.

김치수제비

멸치국물에 밀가루반죽을 뚝뚝 떼어 넣고 끓인 수제비.
얼큰한 국물과 함께 쫀득한 수제비를 떠먹는 맛이 별미예요.

재료_2인분

김치 1컵
김칫국물 1/2컵
애호박 1/2개
감자 1개
양파 1/2개
청양고추 1개
다진 마늘 1큰술
국간장 2큰술

수제비 반죽

밀가루 4컵
달걀 1개
깨소금 1큰술
물 1½컵

멸치국물

국물용 멸치 5마리
다시마 10×10cm 1장
물 4컵

만들기

1 냄비에 멸치와 다시마를 넣고 물을 부어 끓인다. 끓으면 다시마를 건
   지고 중불로 줄여 좀 더 끓인 뒤 체에 거른다.

2 밀가루, 달걀, 물, 깨소금을 한데 섞어 반죽한다. 한 덩어리로 뭉쳐질
   때까지 치댄 뒤 비닐에 싸서 20분 정도 둔다.

3 김치는 송송 썰고, 애호박과 감자는 납작납작 썰고, 양파는 채 썬다.
   청양고추는 굵게 다진다.

4 냄비에 멸치국물과 김칫국물을 섞어 넣고 김치와 감자를 넣어 끓인다.

5 감자가 살캉거릴 정도로 익으면 ②의 반죽을 납작하게 떼어 넣는다.

6 애호박과 양파, 다진 마늘, 다진 청양고추를 넣고 조금 더 끓인다. 수
   제비 반죽이 익어서 떠오르면 국간장으로 간을 맞춘다.

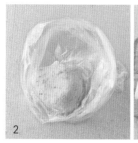

tip 수제비 반죽을 할 때 물을 조금씩 넣어가며 반죽하면 농도 맞추기가 쉬워요. 밀가루가
    날리지 않을 정도로 엉기게 한 뒤 비닐봉지에 넣어 1시간 정도 두면, 여러 번 치대지
    않아도 쫄깃한 수제비를 맛볼 수 있어요.

유부잔치국수

멸치국물에 말아 먹는 잔치국수는 시원하고 담백해서 좋아요.
쫄깃한 유부를 썰어 넣어 씹는 맛을 더했습니다.

재료_2인분

소면 200g
애호박 1/2개
부추 조금
유부 5개
달걀 2개
소금 조금
식용유 조금

국물

국물용 멸치 5마리
다시마 10×10cm 1장
국간장 1/2큰술
소금·후춧가루 조금씩
물 4컵

만들기

1 냄비에 멸치와 다시마를 넣고 물을 부어 끓인다. 끓으면 다시마를 건지고 중불로 줄여 15분 정도 더 끓인 뒤, 체에 걸러 국간장과 소금, 후춧가루로 간한다.

2 애호박은 채 썰고, 부추는 5cm 길이로 썬다.

3 달군 팬에 기름을 두르고 애호박을 소금으로 간해 센 불에서 살짝 볶는다.

4 달걀은 노른자와 흰자를 나눠 각각 소금으로 간한다. 달군 팬에 기름을 조금 두르고 약한 불에서 지단을 부쳐 돌돌 말아 채 썬다.

5 유부는 따뜻한 물에 불려서 물기를 꼭 짜 채 썬다.

6 끓는 물에 소면을 삶아서 찬물에 헹궈 물기를 뺀다.

7 그릇에 소면을 담고 볶은 애호박과 부추, 유부, 지단을 올린 뒤 국물을 붓는다.

tip 시판하는 멸치국물 팩을 사용해도 돼요. 멸치국물 팩 하나를 물 3컵에 1시간 정도 담가두었다가 그대로 끓이세요. 끓기 시작하고 나서 중불로 5분 정도 더 끓이면 맛있게 우러납니다.

낙지칼국수

가족의 건강을 위해 기운을 돋우는 낙지로 칼국수를 끓여보세요.
배추와 무 등을 넣어 국물이 시원해요.

재료_2인분

칼국수 400g
낙지 1마리
배춧잎 2장
무 30g
당근 20g
실파 2~3뿌리
다진 마늘 2큰술
국간장 1큰술
소금·후춧가루 조금씩
밀가루 1/2컵

마른새우멸치국물

마른새우 20g
국물용 멸치 5마리
다시마 10×10cm 1장
물 6컵

만들기

1 냄비에 마른새우, 멸치, 다시마를 넣고 물을 부어 끓인다. 끓으면 다시마를 건지고 불을 줄여 좀 더 끓인 뒤 체에 거른다.

2 배춧잎은 굵게 채 썰고, 당근은 가늘게 채 썰고, 실파는 5cm 길이로 썬다. 무는 나박나박 썬다.

3 낙지는 밀가루를 뿌려 바락바락 주무른 뒤, 물에 씻어 3~4cm 길이로 썬다.

4 냄비에 ①의 국물을 붓고 끓이다가 칼국수를 넣고 배춧잎, 무, 당근, 실파, 다진 마늘을 넣어 끓인다.

5 ④에 손질한 낙지를 넣고 좀 더 끓인 뒤 국간장과 소금으로 간한다.

6 그릇에 낙지칼국수를 담고 후춧가루를 뿌린다.

tip 해물탕용 양념장을 만들어 국물에 풀면 얼큰한 낙지칼국수가 돼요. 양념장은 고춧가루, 간장, 다진 파, 다진 마늘을 2 : 1 : 1 : 1의 비율로 섞고, 다진 생강과 후춧가루를 조금 넣어 만드세요.

얼큰 공주칼국수

매콤하고 칼칼한 국물 맛이 매력인 공주칼국수.
고추장아찌를 다져 올려 이색적인 매운맛이 느껴져요.

재료_2인분

칼국수 400g
고추장아찌 20g
쑥갓 200g
당근 20g
애호박 1/3개
양파 1/2개
대파 1대
청양고추 1개
달걀 2개
김가루 1/2컵

멸치국물

국물용 멸치 10마리
다시마 5×5cm 1장
무 100g
마른고추 1개
물 5컵

국물 양념

고춧가루 4큰술
고추장·국간장 2큰술씩
다진 마늘 1큰술

만들기

1 냄비에 멸치와 다시마, 무, 마른고추를 넣고 물을 부어 끓인다. 끓으면 다시마와 마른고추를 건지고 중불로 줄여 20분 정도 끓인 뒤 체에 거른다.

2 당근, 애호박, 양파, 대파는 채 썰고, 청양고추는 어슷하게 썬다.

3 쑥갓은 큼직하게 자르고, 고추장아찌는 잘게 다진다.

4 냄비에 멸치국물 5컵을 붓고 국물 양념을 넣어 끓인다.

5 칼국수의 밀가루를 털고 끓는 국물에 넣는다. 국수가 반쯤 익으면 달걀을 풀어 넣은 뒤 ②의 채소를 넣어 더 끓인다.

6 쑥갓을 넣고 불을 끈 뒤 그릇에 담고 다진 고추장아찌와 김가루를 올린다.

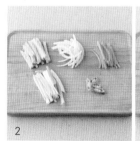

tip 공주칼국수는 고추장 특유의 매콤하면서 텁텁한 맛이 포인트예요. 매운맛은 고춧가루로 조절하고, 고추장의 비율은 그대로 유지하는 게 제 맛 내는 비결입니다.

닭칼국수

진하게 끓인 닭고기국물에 쫄깃한 칼국수를 말아 먹는 닭칼국수.
닭은 영계를 사용해야 살이 부드럽고 맛있어요.

재료_2인분

칼국수 400g
삶은 닭 1마리
부추 30g
양파 1/2개
대파 1대
국간장 2큰술
소금·후춧가루 조금씩

닭고기 밑간

다진 마늘 1큰술
소금 1작은술
후춧가루 조금

국물

영계 1마리
대파 2대
마른고추 1개
마늘 4쪽
통후추 10알
물 6컵

만들기

1 냄비에 깨끗이 씻은 닭과 대파, 마른고추, 마늘, 통후추를 넣고 물을
부어 푹 삶는다.

2 닭이 푹 익으면 식힌 뒤 닭살만 발라 다진 마늘, 소금, 후춧가루로 밑
간한다. 국물은 걸러서 따로 둔다.

3 부추는 5cm 길이로 썰고, 양파는 채 썰고, 대파는 어슷하게 썬다.

4 냄비에 닭국물을 끓이다가 칼국수를 밀가루를 훌훌 털어내고 넣어
끓인다.

5 칼국수가 끓어오르면 밑간한 닭고기와 부추, 양파, 대파를 넣고 국
간장과 소금으로 간한다.

6 그릇에 닭칼국수를 담고 입맛에 따라 후춧가루를 뿌린다.

tip 칼국수 생면은 겉의 밀가루를 흔들어 털어낸 뒤 끓는 국물에 흩어 넣어야 뭉치지 않고
골고루 익어요. 밀가루를 털어내지 않으면 국물이 탁해지니 주의하세요.

버섯들깨칼국수

부드럽고 고소한 맛이 별미인 버섯들깨칼국수.
들깨의 고소함에 다양한 버섯의 풍미까지 맛볼 수 있어요.

재료_2인분

칼국수 400g
표고버섯 3개
느타리버섯 30g
만가닥버섯 30g
팽이버섯 100g
양파 1/2개
들깨가루 1컵
다진 마늘 1작은술
소금 조금

국물

국물용 멸치 20마리
다시마 5×5cm 1장
마늘 5쪽
국간장 2큰술
소금 조금
물 5컵

만들기

1 냄비에 멸치와 다시마, 마늘을 넣고 물을 부어 끓인다. 끓으면 다시마를 건지고 중불로 줄여 20분 정도 끓인 뒤, 체에 걸러 국간장과 소금으로 간한다.

2 표고버섯은 저미고, 느타리버섯과 만가닥버섯은 가닥가닥 찢고, 팽이버섯은 밑동을 자른다. 양파는 채 썬다.

3 냄비에 멸치국물 4컵을 붓고 들깨가루를 넣어 한소끔 끓인다.

4 칼국수의 밀가루를 털어내고 끓는 국물에 넣어 끓인다.

5 칼국수가 어느 정도 익으면 다진 마늘과 손질한 버섯, 양파를 넣고 끓이다가 소금으로 간한다.

6 그릇에 칼국수를 담고 들깨가루를 뿌린다.

tip 들깨가루는 껍질째 간 것과 껍질을 걸러낸 것 두 종류가 있어요. 껍질째 간 것은 고운 체에 걸러서 넣어야 국물이 깔깔하지 않아요.

샤부샤부우동

채소와 고기가 어우러진 국물이 시원한 샤부샤부 스타일의 우동.
언제 먹어도 맛있지만 추운 겨울에 특히 잘 어울려요.

재료_2인분

우동 400g
쇠고기(샤부샤부용) 200g
새송이버섯 1개
숙주 2줌
청경채 100g
양파 1/2개
대파 1대

국물

국물용 멸치 10마리
다시마 10×10cm 1장
가다랑어포 20g
무 20g
국간장 5큰술
청주 2큰술
소금 1작은술
물 6컵

만들기

1 냄비에 멸치와 다시마, 무를 넣고 물을 부어 끓인다. 끓으면 다시마를 건지고 중불로 줄여 15분 정도 끓인 뒤 불을 끈다. 멸치와 무를 건지고 가다랑어포를 넣어 5분간 우린 뒤, 체에 걸러 청주를 넣고 국간장과 소금으로 간한다.

2 새송이버섯은 반 잘라 4등분하고, 청경채는 밑동을 자르고, 양파는 채 썬다. 대파는 5cm 길이로 썰고, 숙주는 꼬리를 다듬어 씻는다.

3 끓는 물에 우동을 넣고 삶아 체에 밭쳐 물기를 뺀다.

4 냄비에 ①의 국물을 끓이다가 쇠고기와 버섯, 청경채, 양파, 숙주를 넣는다.

5 마지막에 우동과 대파를 넣어 끓인다.

tip 샤부샤부는 끓이면서 먹어야 제 맛이에요. 끓는 국물에 먼저 고기와 버섯, 채소를 넣어 건져 먹고, 마지막에 우동을 넣어 여러 가지 맛을 즐기세요. 시판 샤부 수끼 소스를 찍어 먹어도 맛있어요.

양지쌀국수

동남아시아의 향기가 물씬 나는 쌀국수예요.
고수, 레몬 등은 따로 곁들여 입맛에 맞게 즐기세요.

재료_2인분

쌀국수 160g
양지머리 200g
숙주·고수 1줌씩
실파 4뿌리
홍고추 1개
레몬 1/2개
쌀국수장국 3큰술
물 3컵

양파절임

양파 1/2개
설탕·식초 1큰술씩

만들기

1 냄비에 양지머리를 담고 물을 부어 20분간 삶는다. 국물은 체에 거
  르고, 고기는 편으로 썬다.

2 양파는 채 썰어 설탕을 섞은 식초에 절인다.

3 쌀국수는 찬물에 30분 정도 담가 불린 뒤, 찬물에 헹궈 물기를 뺀다.

4 실파는 5cm 길이로 썰고, 홍고추는 어슷하게 썰고, 레몬은 반으로
  썬다. 고수도 먹기 좋게 썬다.

5 숙주는 끓는 물에 살짝 데쳐 물기를 뺀다.

6 냄비에 양지머리국물을 붓고 쌀국수장국을 넣어 5분간 끓인다.

7 그릇에 쌀국수와 숙주, 양파절임, 저민 고기, 실파, 홍고추를 올리고
  국물을 붓는다. 고수와 레몬을 곁들인다.

1　2　3　4

tip 데친 숙주를 전자레인지에 살짝 돌리면 아삭한 질감이 좋아요. 양지머리 대신 차돌박
     이로 만들어도 맛있어요.

차돌된장칼국수

된장국물에 칼국수를 말면 구수하면서도 색다른 맛이 별미예요.
차돌박이를 넣어 입에 착 감긴답니다.

재료_2인분

칼국수 400g
차돌박이 200g
시금치 150g
애호박 1/3개
양파 1/2개
청양고추·홍고추 1개씩

멸치국물

국물용 멸치 10마리
다시마 10×10cm 1장
물 5컵

국물 양념

된장 2큰술
고추장 1/2작은술
다진 마늘 1작은술

만들기

1 시금치는 밑동을 잘라 깨끗이 씻고, 애호박과 양파는 채 썰고, 고추
  는 송송 썬다.

2 냄비에 멸치와 다시마를 넣고 물을 부어 끓인다. 끓으면 다시마를 건
  지고 중불로 줄여 20분 정도 끓인 뒤 체에 거른다.

3 멸치국물에 된장과 고추장을 풀고 다진 마늘을 넣어 끓인다.

4 칼국수의 밀가루를 털어낸 뒤 ③의 국물에 넣어 끓인다.

5 국수가 반쯤 익으면 쇠고기, 시금치, 애호박, 양파를 넣어 끓인다.

6 국수와 고기가 거의 익으면 고추를 넣고 불을 끈다.

tip 봄에는 시금치 대신 냉이, 가을에는 아욱이나 근대를 넣고 끓여도 좋아요.

어묵유부우동

추운 겨울날, 김이 모락모락 피어오르는 우동 한 그릇이면
마음까지 따뜻해져요. 어묵과 유부를 넣어 맛이 풍부합니다.

재료_2인분

우동 400g
어묵 2장
유부 4장
쑥갓 20g
덴카츠 2큰술

멸치가다랑어국물

국물용 멸치 10마리
다시마 10×10cm 1장
가다랑어포 20g
물 6컵

조림장

멸치가다랑어국물 1컵
간장 2큰술
청주·설탕 1큰술씩

만들기

1 어묵과 유부는 뜨거운 물을 부어 기름을 씻어내고, 쑥갓과 팽이버섯
은 먹기 좋은 크기로 썬다.

2 냄비에 멸치와 다시마를 넣고 물을 부어 끓인다. 끓으면 다시마를 건
지고 중불로 줄여 15분 정도 끓인 뒤, 불을 끄고 가다랑어포를 넣어
5분간 두었다가 체에 거른다.

3 냄비에 ②의 국물 1컵과 간장, 청주, 설탕을 넣어 섞은 뒤, 유부를 조
려 맛이 들게 한다.

4 조린 유부를 도톰하게 채 썬다.

5 끓는 물에 우동을 삶아 건져 물기를 뺀다.

6 ②의 남은 국물에 어묵을 넣고 끓인다.

7 그릇에 삶은 우동을 담고 ⑥의 국물을 부은 뒤 어묵, 채 썬 유부, 팽
이버섯, 쑥갓을 올리고 덴카츠를 뿌린다.

tip 일본 요리에 고명으로 많이 쓰는 덴카츠는 튀김가루와 녹말가루, 찬물을 같은 양으로
섞어 끓는 기름에 부려 넣고 튀겨서 만들어요. 마트에서 살 수도 있어요.

나가사키짬뽕

진한 국물과 푸짐한 해물이 먹음직스러운 일본 짬뽕이에요.
청양고추를 넣어 칼칼한 맛을 더했어요.

재료_2인분

중화면 2개(460g)
모둠해물 300g
알배추 4장
숙주 1줌
양파 1/2개
대파 1대
마늘 3쪽
청홍고추 1½개씩
청주 2큰술
굴 소스 2큰술
국간장 1큰술
소금·후춧가루 조금씩
식용유 조금
사골국물 2½컵

사골국물 내기

사골 500g
물 20컵

만들기

1 사골을 찬물에 2시간 정도 담가 핏물을 뺀다. 냄비에 담고 물을 넉넉히 부어 중불에서 찌꺼기를 걷어내며 푹 우러나도록 끓인다.

2 알배추와 양파는 채 썰고, 대파와 고추는 어슷하게 썰고, 마늘은 저민다. 숙주는 흐르는 물에 씻어 물기를 뺀다.

3 모둠해물은 흐르는 물에 씻어 물기를 뺀다.

4 끓는 물에 중화면을 삶아서 찬물에 헹궈 물기를 뺀다.

5 달군 팬에 기름을 두르고 마늘과 대파를 볶아 향을 낸다.

6 ⑤에 양파와 알배추를 넣어 볶다가 해물을 넣고 청주, 굴 소스, 소금, 후춧가루로 간해 센 불에서 볶는다.

7 냄비에 사골국물을 끓이다가 볶은 채소와 숙주를 넣어 끓인다. 소금과 국간장으로 간한다.

8 그릇에 중화면을 담고 ⑦의 국물을 붓는다.

tip 국물 내기가 번거로우면 시판하는 사골국물을 사용해도 돼요. 매운맛을 좋아하면 페페론치노를 넣으세요.

얼큰 김치우동

멸치국물에 양념한 김치를 넣고 끓여 얼큰하고 구수한 우동이에요.
입맛에 따라 어묵이나 유부를 넣어도 좋아요.

재료_2인분

우동 400g
김치 1컵
팽이버섯 1줌
홍고추 1개
대파 1/2대

김치 양념

고춧가루 1큰술
설탕 1작은술
매실청 1작은술
다진 마늘 1작은술
깨소금 조금

국물

국물용 멸치 10마리
다시마 10×10cm 1장
국간장 3큰술
청주 1큰술
물 5컵

만들기

1 냄비에 멸치와 다시마를 넣고 물을 부어 끓인다. 끓으면 다시마를 건지고 중불로 줄여 15분 정도 끓인 뒤, 체에 걸러 청주와 국간장으로 간한다.

2 김치는 먹기 좋은 크기로 썰어 김치 양념에 무친다.

3 대파와 홍고추는 어슷하게 썰고, 팽이버섯은 밑동을 잘라내고 반 자른다.

4 냄비에 ①의 국물을 넣어 끓이다가 양념한 김치를 넣고 더 끓인다.

5 끓는 물에 우동을 삶아서 체에 밭쳐 물기를 뺀다.

6 그릇에 삶은 우동을 담고 ④의 국물을 부은 뒤 팽이버섯, 대파, 홍고추를 올린다.

tip 다시마를 너무 오래 우리면 점액질이 빠져나와 국물이 지저분해져요. 한 번 팔팔 끓인 뒤 다시마를 먼저 건져내고 중불로 줄여서 좀 더 끓이는 게 요령이에요.

감자칼국수

시원한 멸치국물에 감자, 양파를 썰어 넣고 담백하게 끓인 칼국수.
별다른 준비 없이 쉽게 끓일 수 있는 친근한 국수예요.

재료_2인분

칼국수 400g
감자 2개
당근 20g
양파 1/2개
실파 10g
다진 마늘 1작은술
소금·후춧가루 조금씩

국물

국물용 멸치 20마리
다시마 10×10cm 1장
마른고추 1개
국간장 1큰술
소금 조금
물 5컵

만들기

1 냄비에 멸치와 다시마, 마른고추를 넣고 물을 부어 끓인다. 끓으면 다
시마와 마른고추를 건지고 중불로 줄여 10분 정도 끓인다.

2 국물이 충분히 우러나면 체에 걸러 국간장과 소금으로 간한다.

3 감자와 당근, 양파는 채 썰고, 실파는 4cm 길이로 썬다. 감자는 물
에 담가 녹말을 뺀다.

4 냄비에 ②의 국물을 붓고 끓이다가 채 썬 감자와 칼국수를 넣어 끓
인다.

5 채 썬 당근과 양파, 실파와 다진 마늘을 넣어 조금 더 끓인다. 마지
막에 소금, 후춧가루로 간을 맞춘다.

tip 채 썬 감자는 물에 담가 녹말을 뺀 다음 끓여야 국물도 탁하지 않고 맛도 깔끔해요.

돈코츠라멘

사골을 우린 진한 국물의 일본 라면이에요.
차슈라는 돼지고기조림과 반숙 달걀을 얹어 먹어요.

재료_2인분

중화면 2개(460g)
달걀 1개
숙주 200g
청경채 2개
다진 파·마늘 1작은술씩
실파 4뿌리
김 1/2장
사골국물 3컵

차슈

삼겹살 200g
대파 1대
양파 1/2개
된장 2큰술
간장·쯔유 1큰술씩
청주 1큰술
올리고당 1큰술

사골국물 내기

사골 500g
물 20컵

만들기

1 사골을 찬물에 2시간 정도 담가 핏물을 뺀다. 냄비에 담고 물을 넉넉히 부어 중불에서 찌꺼기를 걷어내며 푹 우러나도록 끓인다.

2 삼겹살은 핏물을 뺀 뒤 냄비에 담고 물을 부어 된장을 푼다. 대파와 양파를 넣고 30분 정도 삶아 1.5cm 두께로 썬다.

3 달군 팬에 간장, 쯔유, 청주, 올리고당을 섞어 넣고, 중불에서 삼겹살을 앞뒤로 7분 정도 조린다.

4 달걀은 7분 30초 정도 반숙으로 삶는다.

5 청경채는 반으로 썰고, 실파는 송송 썰고, 김은 가늘게 자른다. 숙주는 씻어 물기를 뺀다.

6 끓는 물에 중화면을 삶아서 찬물에 헹궈 물기를 뺀다.

7 냄비에 사골국물을 붓고 다진 파, 다진 마늘을 넣어 끓이다가 숙주와 청경채를 넣는다.

8 그릇에 중화면을 담고 ⑦의 국물을 부은 뒤 차슈와 삶은 달걀, 실파, 김을 올린다.

tip 시판하는 사골국물을 사용해도 되고, 사골국물과 삼겹살 삶은 물을 섞어 국물을 만들어도 맛있어요. 삼겹살을 삶지 않고 구워서 차슈를 만들어도 되는데, 삶아서 조리면 더 담백하고 부드러워요.

얼큰 부대쫄면

얼큰한 부대찌개와 쫄깃한 쫄면의 만남.
사골국물이 들어가 영양이 풍부한, 색다르고 이색적인 국수예요.

재료_2인분

쫄면 400g
소시지 2개
베이컨 4줄
통조림 햄 40g
슬라이스 햄 4장
김치 1컵
느타리버섯 1줌
양파 1/2개
대파 1대
사골국물 3컵
물 2컵

양념장

고추장 1큰술
고춧가루 2큰술
간장·청주 1큰술씩
설탕 1작은술
다진 마늘 1큰술
후춧가루 조금

사골국물 내기

사골 500g
물 20컵

만들기

1 사골을 찬물에 2시간 정도 담가 핏물을 뺀 뒤 냄비에 넣고 물을 넉넉히 부어 끓인다. 중불에서 찌꺼기를 걷어내면서 국물이 푹 우러나도록 끓인다.

2 소시지는 어슷하게 썰고, 베이컨은 한입 크기로 썰고, 통조림 햄과 슬라이스 햄은 4등분한다.

3 양파는 굵게 채 썰고, 대파는 반 갈라 5cm 길이로 채 썬다. 느타리버섯은 가닥을 나누고, 김치는 송송 썬다.

4 냄비에 사골국물과 물을 섞어 붓고 양념장을 풀어 끓인다.

5 ④에 준비한 재료를 넣고 끓이다가 쫄면을 넣어 센 불에서 한소끔 끓인다.

tip 부대찌개를 끓여서 밥과 함께 먹고, 마지막에 쫄면을 넣어 마무리해도 좋아요. 쫄면 대신 라면을 넣어도 맛있고, 사골국물은 시판 제품을 써도 돼요.

건두부멸치국수

탄수화물이 없는 건두부는 칼로리는 낮고 포만감은 높아요.
담백하고 고소할 뿐 아니라 다이어트에도 좋습니다.

재료_2인분

건두부 4장
애호박 1/3개
당근 1/4개
실파 1뿌리
유부 4장
들기름 1큰술
국간장 1큰술
소금 조금

멸치국물

국물용 멸치 20마리
다시마 10×10cm 1장
표고버섯 1개
물 6컵

만들기

1 냄비에 멸치와 다시마, 표고버섯을 넣고 물을 부어 끓인다. 끓으면 다시마를 건지고 중불로 줄여 20분 정도 끓인 뒤 체에 거른다.

2 건두부를 1cm 폭으로 길게 썰어 국수처럼 만든다.

3 애호박과 당근은 5cm 길이로 채 썰고, 실파는 송송 썰고, 유부는 4등분한다.

4 달군 팬에 들기름을 두르고 채 썬 애호박과 당근을 소금으로 간해 볶는다.

5 멸치국물에 유부를 넣어 끓이다가 건두부를 넣고 국간장으로 간한다.

6 그릇에 건두부와 유부를 담고 볶아놓은 채소를 올린 뒤, 국물을 붓고 실파를 뿌린다.

tip 건두부는 두부의 물기를 뺀 뒤 얇게 누른 것으로 포두부라고도 불러요. 다이어트 식품으로 인기인 건두부는 인터넷이나 중식 재료 파는 곳에서 살 수 있어요.

카레우동

통통한 우동을 매콤한 카레에 버무려 먹는 이국적인 국수입니다.
재료를 버터로 볶아 풍미가 진해요.

재료_2인분

우동 400g
쇠고기 200g
양파 1/2개
대파 1/2대
실파 조금
카레가루 80g
버터 2큰술
다진 마늘 1작은술
소금·후춧가루 조금씩

다시마국물

다시마 10×10cm 1장
물 5컵

만들기

1 다시마를 물에 담가 30분 정도 두었다가 그대로 끓인다. 끓어오르면 다시마를 건져내고 5분간 더 끓인다.

2 쇠고기는 종이타월에 올려 핏물을 빼고 먹기 좋은 크기로 썬다.

3 양파는 채 썰고, 대파는 4cm 길이로 가늘게 채 썬다.

4 달군 냄비에 버터를 녹이고 양파를 투명해질 때까지 볶다가 쇠고기, 다진 마늘을 넣고 소금과 후춧가루로 간해 2분간 볶는다.

5 ④에 다시마국물을 부어 끓이다가, 끓어오르면 불을 줄이고 카레가루를 2~3번에 나눠 넣으며 잘 푼다. 10분 정도 더 끓인 뒤 소금과 후춧가루로 간한다.

6 끓는 물에 우동을 2~3분간 삶아서 찬물에 헹궈 물기를 뺀다.

7 그릇에 우동을 담고 카레를 끼얹은 뒤 채 썬 대파를 올린다.

2

4

5

6

tip 카레가루를 물에 풀어서 넣으면 더 잘 풀려요. 쇠고기 대신 닭고기를 넣어도 맛있습니다.

COLD NOODLES

PART 3

차가운 국수

오리엔탈 냉우동

가볍고 시원하게 즐기는 여름 우동이에요.
오리엔탈 드레싱으로 만들어 맛이 깔끔하고 다이어트에도 좋아요.

재료_2인분

우동 400g
닭가슴살 200g
오이 1개
적양파 1/2개
양배추 1/4개
부추 1줌
방울토마토 5개
청주 2큰술
통후추 조금
오리엔탈 드레싱 7큰술
물 1/2컵

닭고기 밑간

소금·후춧가루 조금씩

오리엔탈 드레싱

간장·설탕 2큰술씩
식초 2½큰술
올리브유 2큰술
다진 마늘 1/2작은술
레몬즙 1작은술
후춧가루 조금

만들기

1 오이는 돌려 깎아 채 썰고, 적양파와 양배추도 채 썬다. 부추는 4cm 길이로 썰고, 방울토마토는 반 자른다.

2 오리엔탈 드레싱 재료를 모두 섞은 뒤 드레싱 7큰술과 물 ½컵을 섞는다. 냉동실에 넣어 살얼음이 생길 정도로 살짝 얼린다.

3 끓는 물에 닭가슴살과 청주, 통후추를 넣고 삶아 식힌 뒤, 찢어서 소금, 후춧가루로 밑간한다.

4 끓는 물에 우동을 삶아 찬물에 여러 번 헹군 뒤 체에 밭쳐 물기를 뺀다.

5 그릇에 우동을 담고 썰어둔 채소와 닭고기를 올린 뒤 살짝 얼린 드레싱을 뿌린다.

1 2 3 4

tip 오리엔탈 드레싱을 샐러드드레싱으로 이용해도 좋아요. 넉넉히 만들어 밀폐용기에 담아 냉장 보관하면 몇 주 동안 사용할 수 있어요.

냉메밀국수

메밀은 성질이 차서 열을 내려줘요. 개운한 메밀국수에 새우튀김을 곁들여 바삭바삭 씹는 맛과 고소함을 더했어요.

재료_2인분

메밀국수 200g
냉동 새우튀김 4개
무 30g
무순 20g
고추냉이 1작은술
김가루 조금
식용유 적당량

국물

국물용 멸치 10마리
다시마 10×10cm 1장
가다랑어포 2컵
양파 1/2개
간장 2큰술
청주·설탕 1큰술씩
물 5컵

만들기

1 달군 냄비에 멸치를 바삭하게 볶은 뒤 다시마, 양파를 넣고 물을 부어 끓인다. 끓기 시작하면 다시마를 건지고 약한 불에서 10분간 끓인다. 멸치와 양파를 건지고 가다랑어포를 넣어 5분간 두었다가 체에 거른다.

2 ①의 국물에 간장, 청주, 설탕을 넣고 한소끔 더 끓여 식혀서 냉장고에 넣어둔다.

3 끓는 기름에 냉동 새우튀김을 노릇하게 튀긴다.

4 무는 강판에 곱게 갈고, 무순은 씻어 물기를 뺀다.

5 끓는 물에 메밀국수를 삶아서 찬물에 여러 번 헹궈 물기를 뺀다.

6 그릇에 메밀국수를 담고 간 무와 무순, 고추냉이, 새우튀김, 김가루를 올린 뒤 국물을 붓는다.

tip 메밀국수는 소면보다 조금 더 삶아야 해요. 국물은 국수에 붓지 않고 따로 내도 좋아요.
국물 만들기가 번거로우면 쯔유와 물을 1 : 2의 비율로 섞어서 사용하세요.

김치말이국수

잘 익은 김칫국물에 소면을 말아 먹는 여름 별미예요.
시판하는 냉면 육수를 이용하면 쉽게 만들 수 있어요.

재료_2인분

소면 200g
김치 150g
오이 1/4개
청홍고추 1/4개씩
통깨 조금

김치 양념

올리고당 2큰술
설탕·참기름 1큰술씩

국물

멸치국물 3컵
김치국물 6큰술
설탕·식초 1큰술씩
참기름 조금

멸치국물 내기

국물용 멸치 5마리
다시마 10×10cm 1장
물 4컵

만들기

1 냄비에 멸치와 다시마를 넣고 물을 부어 끓인다. 끓으면 다시마를 건
　지고 중불로 줄여 15분 정도 더 끓인 뒤 체에 거른다.

2 멸치국물에 나머지 재료를 섞은 뒤, 냉동실에 30분 정도 두어 살얼
　음을 만든다.

3 김치는 먹기 좋게 썰어 김치 양념에 버무린다.

4 오이는 채 썰고, 고추는 송송 썬다.

5 끓는 물에 소면을 삶아서 찬물에 헹궈 물기를 뺀다.

6 그릇에 소면을 담고, 김치, 오이, 고추를 올린 뒤, 살얼음이 생긴 국
　물을 붓고 통깨를 뿌린다.

tip 배추김치 대신 열무김치로 만들어도 맛있고, 백김치를 사용하면 깔끔합니다. 멸치국물
대신 시판하는 냉면 육수를 사용해도 좋아요.

콩국수

고소하고 담백한 콩국수는 여름에 놓칠 수 없는 메뉴예요.
무더위에 잃기 쉬운 입맛을 잡고 양도 챙길 수 있는 음식입니다.

재료_2인분

소면 200g
오이 1개
방울토마토 4개
땅콩 조금
소금 1작은술

콩물

대두 200g
소금 조금
물 3컵

만들기

1 콩을 물에 담가 4시간 동안 불린다.

2 오이는 채 썰고, 방울토마토는 반 자른다. 땅콩은 다진다.

3 불린 콩의 껍질을 벗기고 30분간 삶아 체에 밭쳐둔다.

4 블렌더에 삶은 콩과 물 2컵, 소금을 넣어 곱게 간다.

5 간 콩을 체에 거른 뒤 물로 농도를 맞춘다.

6 끓는 물에 소면을 삶아서 찬물에 여러 번 헹궈 물기를 뺀다.

7 그릇에 소면을 담고 채 썬 오이와 방울토마토를 올린 뒤, 콩물을 붓
   고 다진 땅콩을 뿌린다. 소금을 곁들여 낸다.

tip 충분히 불린 콩은 손으로 살살 비비면 껍질이 벗겨져요. 물을 붓고 휘저어 위에 뜨는
껍질을 따라버리면 껍질이 말끔히 제거됩니다. 콩물은 냉동하면 단백질이 분리되니 한
번에 먹을 만큼만 만드는 것이 좋아요.

물냉면

여름 별미 하면 뭐니 뭐니 해도 물냉면이죠.
시판하는 제품을 살 수도 있지만 직접 만들면 더 맛있어요.

재료_2인분

냉면 200g
무 50g
오이 1/3개
달걀 1개
연겨자 1작은술

무·오이 초절임 양념

설탕·식초 1큰술씩
소금 1/2작은술

국물

쇠고기국물 4컵
동치미 국물 4컵
국간장 2큰술
설탕·식초 1큰술씩
소금 1작은술

쇠고기국물 내기

쇠고기(양지머리) 200g
무 50g
양파 1/2개
대파 1대
마늘 4쪽
물 8컵

만들기

1 쇠고기를 찬물에 담가 핏물을 뺀 뒤, 나머지 쇠고기국물 재료와 함께 냄비에 담아 센 불에서 끓인다. 끓어오르면 중불로 줄여 한소끔 끓인다.

2 쇠고기 삶은 물은 고운체에 걸러 차게 식히고, 고기는 식혀서 얇게 썬다.

3 식힌 쇠고기국물 4컵에 동치미국물과 국간장, 설탕, 식초, 소금을 섞어 냉동실에 넣어둔다.

4 무는 1×5cm 크기로 납작하게 썰고, 오이는 채 썬다. 각각 초절임 양념에 20분간 잰 뒤 물기를 꼭 짠다.

5 달걀을 끓는 물에 12분간 삶아 껍데기를 벗기고 반 자른다.

6 냉면을 가닥가닥 뜯어서 끓는 물에 40~50초간 삶아 찬물에 여러 번 비벼 씻은 뒤 체에 밭쳐 물기를 뺀다.

7 그릇에 냉면을 담고 절인 무와 오이, 쇠고기, 달걀을 올린 뒤 살짝 얼린 국물을 붓는다. 연겨자를 곁들여 낸다.

   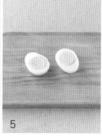 

tip 물냉면 대신 비빔냉면으로 즐기고 싶다면 고춧가루 2큰술, 고추장·간장·식초·물엿·설탕 1큰술씩, 다진 마늘·참기름·깨소금 1/2큰술씩을 섞어 비빔 양념장을 만드세요.

초계국수

시원하게 차려 내는 여름철 보양식이에요.
겨자 소스로 매콤 달콤 새콤하게 맛을 낸 별미 국수입니다.

재료_2인분

소면 200g
삶은 닭 1마리
배 1/4개
당근·오이 1/2개씩
부추 10g
잣가루 2큰술

닭고기 밑간

소금·후춧가루 조금씩

국물

닭국물 4컵
국간장 3큰술
식초 3큰술
설탕 2큰술
겨자 1큰술
소금 1작은술

닭국물 내기

영계 1마리
황기·당귀 5g씩
통후추 조금
물 6컵

만들기

1 냄비에 깨끗이 씻은 닭과 황기, 당귀, 통후추를 넣고 물을 넉넉히 부어 푹 삶는다.

2 닭이 푹 익으면 닭살을 잘게 찢어 소금, 후춧가루로 밑간한다. 국물은 걸러서 따로 둔다.

3 배, 당근, 오이는 5cm 길이로 가늘게 채 썰고, 부추도 5cm 길이로 썬다.

4 닭국물에 국간장, 식초, 설탕, 겨자, 소금을 섞은 뒤, 냉동실에 넣어 살얼음이 생길 정도로 살짝 얼린다.

5 끓는 물에 소면을 삶아 찬물에 헹군 뒤 체에 밭쳐 물기를 뺀다.

6 그릇에 삶은 소면을 담고 채 썬 채소와 밑간한 닭고기를 올린 뒤, 살짝 얼린 국물을 자작하게 붓고 잣가루를 뿌린다.

tip 여름에 먹는 초계국수는 살얼음이 동동 뜬 국물 맛이 별미예요. 냉동실에 얼릴 때 너무 얼지 않도록 자주 확인하세요.

열무냉면

아삭한 열무김치가 입맛 돋우는 인기 메뉴예요.
새콤 달콤하게 양념해 먹으면 일품이에요.

재료_2인분

냉면 200g
열무김치 2컵
오이 1/3개
홍고추 조금
달걀 1개
깨소금 1작은술

열무김치 양념

설탕 1큰술
고춧가루 1작은술
참기름 1큰술
깨소금 1작은술

국물

열무김치 국물 1컵
물 2컵
설탕·식초 1큰술씩
연겨자 1/2작은술
소금 조금

만들기

1 열무김치 국물에 물과 설탕, 식초, 연겨자를 섞고 소금으로 간해 냉동실에 넣어둔다.

2 열무김치는 먹기 좋게 썰고, 오이는 채 썰고, 홍고추는 어슷하게 썬다.

3 열무김치에 설탕, 고춧가루, 참기름, 깨소금을 넣어 무친다.

4 달걀을 끓는 물에 12분간 삶아 반 자른다.

5 냉면을 가닥가닥 뜯어 끓는 물에 40~50초간 삶은 뒤, 찬물에 비벼 씻어 물기를 뺀다.

6 그릇에 냉면을 담고 준비한 재료를 올린 뒤, 살짝 얼린 국물을 붓고 깨소금을 뿌린다.

2

3

5

tip 살짝 얼린 국물을 준비하지 못했다면, 블렌더에 조각얼음 10개와 열무김치 국물 1/2컵을 넣고 함께 갈아보세요. 즉석 살얼음이 만들어져요.

오이소박이국수

시원하고 깔끔한 여름철 별미 국수. 아삭아삭 씹는 맛이 좋은
오이소박이로 간단하게 만들어 먹을 수 있어요.

재료_2인분

소면 200g
오이소박이 50g
달걀 1개
깨소금 조금

국물

오이소박이 국물 2컵
물 1컵
설탕 1큰술
식초 2큰술
참기름·깨소금 조금씩

만들기

1 국물 재료를 잘 섞어서 냉동실에 넣어 살얼음이 생길 정도로 살짝
얼린다.

2 오이소박이를 먹기 좋게 썬다.

3 달걀을 끓는 물에 12분간 삶아 반 자른다.

4 끓는 물에 소면을 삶아 찬물에 여러 번 헹군 뒤 체에 밭쳐 물기를
뺀다.

5 그릇에 소면을 담고 오이소박이와 달걀을 올린 뒤, 살짝 얼린 국물
을 붓고 깨소금을 뿌린다.

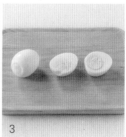

tip 오이소박이국수는 새콤하게 익은 오이소박이로 만들어야 맛있어요. 오이소박이를 담
글 때는 오이를 소금물에 충분히 절여야 오이가 잘 물러지지 않아요.

동치미국수

살얼음이 동동 뜬 동치미 국물에 국수를 말아 먹는 깔끔한 국수.
동치미국수 한 그릇이면 무더위도 끄떡없어요.

재료_2인분

소면 200g
동치미 무 40g
오이 1/2개
고추장아찌 1개

국물

동치미 국물 4컵
물 1/2컵
설탕 1큰술

만들기

1 국물 재료를 잘 섞어서 냉동실에 넣어 살얼음이 생길 정도로 살짝
  얼린다.

2 동치미 무와 오이는 채 썰고, 고추장아찌는 어슷하게 썬다.

3 끓는 물에 소면을 삶아서 찬물에 여러 번 헹궈 물기를 뺀다.

4 그릇에 소면을 담고 동치미 무와 오이, 고추장아찌를 올린 뒤 살짝
  얼린 동치미 국물을 붓는다.

tip 소면 대신 냉면이나 메밀국수로 동치미국수를 만들어도 맛있어요. 배를 채 썰어 고명
으로 올려도 좋아요.

묵국수

도토리묵으로 만드는 묵국수는 깔끔하고 깊은 맛이 매력이에요.
칼로리가 낮아 다이어트식으로도 안성맞춤이에요.

재료_2인분

도토리묵 400g
김치 1컵
오이 1개
김가루 조금
참기름·통깨 조금씩

국물

국물용 멸치 5마리
다시마 5×5cm 1장
국간장 1큰술
설탕 2큰술
식초 3큰술
물 3컵

만들기

1 냄비에 멸치와 다시마를 넣고 물을 부어 중불에서 끓인다. 끓어오르면 다시마를 건지고 약한 불로 줄여 10분간 더 끓인 뒤 체에 걸러 차게 식힌다.

2 식힌 멸치국물 2컵에 국간장, 설탕, 식초를 넣고 잘 섞어서 냉동실에 넣어 살얼음이 생길 정도로 살짝 얼린다.

3 도토리묵은 길게 썰고, 오이는 채 썬다.

4 김치를 길게 썰어 참기름을 넣고 조물조물 무친다.

5 그릇에 도토리묵을 담고 김치와 오이를 올린 뒤, 살짝 얼린 국물을 붓고 김가루와 통깨를 뿌린다.

tip 묵국수는 주로 차갑게 먹지만 따뜻하게 먹기도 해요. 도토리묵 대신 메밀묵으로 만들어도 좋고, 밥을 말아 묵밥으로 먹어도 좋습니다.

장아찌국수

개운하고 아작아작한 맛이 좋은 별미 국수예요.
만드는 방법도 간단해 더운 여름에 후다닥 해 먹기 좋아요.

재료_2인분

소면 200g
고추장아찌 4개
무장아찌 50g
오이 1/2개
깨소금 조금

국물

장아찌 국물 1컵
물 2컵
간장·식초 1큰술씩
설탕 2작은술

만들기

1 국물 재료를 잘 섞어서 냉동실에 넣어 살얼음이 생길 정도로 살짝 얼린다.

2 고추장아찌는 굵게 다지고, 무장아찌와 오이는 채 썬다.

3 끓는 물에 소면을 삶아서 찬물에 여러 번 헹궈 물기를 뺀다.

4 그릇에 소면을 담고 장아찌와 오이를 올린 뒤, 살짝 얼린 국물을 붓고 깨소금을 뿌린다.

tip 장아찌가 많이 짜면 물에 담가 짠맛을 적당히 뺀 다음 사용하세요.

나토우동

나토는 건강에 좋기로 손꼽히는 식품이죠.
나토우동은 간단하게 만들어 먹을 수 있는 여름철 건강식입니다.

재료_2인분

우동 400g
나토 2팩(100g)
무순 20g
김가루 조금
고추냉이 1작은술

국물

쯔유 1/2컵
물 2컵

만들기

1 쯔유와 물을 잘 섞어서 냉동실에 넣어 살얼음이 생길 정도로 살짝
  얼린다.

2 무순은 씻어서 물기를 뺀다.

3 끓는 물에 우동을 삶아 찬물에 여러 번 헹군 뒤 체에 밭쳐 물기를
  뺀다.

4 나토에 함께 들어있는 간장과 겨자를 넣고 잘 비빈다.

5 그릇에 우동을 담고 나토와 무순, 김가루를 올린 뒤 살짝 얼린 국물
  을 붓는다. 고추냉이를 곁들인다.

tip 우동 대신 메밀국수나 소면을 사용해도 좋아요. 고명으로 김치를 곁들이면 더 맛있어요.

PART 4

볶음국수

새우팟타이

피시 소스의 짭짤함과 새콤달콤한 맛이 어우러진 태국식 볶음쌀국수.
통새우가 들어가 씹는 맛도 좋아요.

재료_2인분

쌀국수 300g
중하 6마리
숙주 200g
그린빈 8개
양파 1/2개
베트남 고추 3개
다진 마늘 2쪽분
크러시드 페퍼 1작은술
다진 땅콩 2큰술
식용유 2큰술

팟타이 소스

피시 소스 2큰술
스리라차 소스 1작은술
굴 소스 1큰술
라임 즙 3큰술
설탕 1작은술
물 3큰술

만들기

1 새우는 다리와 꼬리를 다듬고 등 쪽의 내장을 뺀다.

2 양파는 채 썰고, 그린빈은 4cm 길이로 썬다. 숙주는 깨끗이 씻어 물
　기를 뺀다.

3 끓는 물에 쌀국수를 데쳐 건지고, 그 물에 그린빈을 살짝 데친다.

4 팟타이 소스 재료를 골고루 섞는다.

5 달군 팬에 기름을 두르고 다진 마늘과 새우, 크러시드 페퍼를 볶는다.

6 ⑤에 채 썬 양파와 데친 그린빈, 쌀국수, 팟타이 소스를 넣어 소스가
　잘 배도록 볶다가 베트남 고추와 숙주를 넣어 센 불에 볶는다.

7 그릇에 새우팟타이를 담고 다진 땅콩을 뿌린다. 새콤한 맛을 원하면
　라임을 함께 낸다.

tip　삶은 닭가슴살이나 스크램블드에그를 넣어도 좋아요. 크러시드 페퍼는 타이 고추를 굵
　　게 갈아놓은 것인데 마트에서 살 수 있어요.

중국식 볶음국수

돼지고기와 채소를 넣고 중국식으로 볶은 이색 우동입니다.
걸쭉한 양념이 면과 잘 어우러져 맛있어요.

재료_2인분

우동 400g
돼지고기(잡채용) 150g
당근·양파 1/2개씩
쪽파 4뿌리
저민 마늘 3쪽분
간장 3큰술
설탕 1/2큰술
후춧가루 조금
참기름 조금
식용유 조금
물 1/2컵

녹말물

녹말가루 1/2큰술
물 1/2큰술

만들기

1 끓는 물에 우동을 데쳐 물기를 뺀 뒤, 팬에 식용유를 두르고 볶는다.

2 당근과 양파는 채 썰고, 쪽파는 5cm 길이로 썬다.

3 팬에 기름을 두르고 저민 마늘을 볶아 향을 낸 뒤 돼지고기를 넣어 볶는다.

4 고기가 익으면 채 썬 당근과 양파, 쪽파를 넣어 볶다가 우동을 넣어 볶는다.

5 간장과 설탕을 섞어 팬 가장자리로 돌려 붓고 고루 섞는다. 물을 붓고 녹말물을 넣어 농도를 조절한 뒤 참기름과 후춧가루를 넣어 섞는다.

6 그릇에 볶은 우동을 담고 ⑤의 소스를 붓는다.

tip 우동 대신 납작당면을 사용해 맛있는 중국식 잡채로 즐겨도 좋아요.

커리볶음쌀국수

쌀국수는 칼로리가 낮고 소화도 잘 돼요. 갖은 해물과 채소를 넣고
카레로 감칠맛을 낸 싱가포르식 볶음쌀국수예요.

재료_2인분

쌀국수 300g
냉동 모둠해물 60g
달걀 2개
당근 20g
양파 1/2개
청양고추·홍고추 1개씩
고수 조금
다진 마늘 2큰술
식용유 2큰술

볶음 양념

카레가루 1큰술
피시 소스 1큰술
굴 소스 1큰술
소금·후춧가루 조금씩

만들기

1 모둠해물을 해동해 끓는 물에 살짝 데친다.

2 양파와 당근은 채 썰고, 청양고추와 홍고추는 송송 썬다.

3 쌀국수를 끓는 물에 데쳐서 체에 밭쳐 물기를 뺀다.

4 달걀을 풀어 기름 두른 팬에 넣고 젓가락으로 휘저어가며 익혀 스크
램블드에그를 만든다.

5 달군 팬에 기름을 두르고 다진 마늘을 볶다가, 채 썬 채소와 고추를
넣어 센 불에 볶는다.

6 ⑤에 데친 해물과 스크램블드에그를 넣어 센 불에 빠르게 볶은 뒤,
쌀국수와 볶음 양념을 넣고 섞어가며 볶는다.

7 그릇에 볶은 쌀국수를 담고 고수 잎을 올린다.

1   2   3   5   6

tip 쌀국수는 부서지기 쉬워서 미지근한 물에 10분 정도 불렸다가 데치듯이 삶으면 더 좋
아요.

짜장면

달콤한 짜장면은 누구나 좋아하는 메뉴지요.
채소를 큼직하게 썰어 넣으면 보기도 좋고 먹는 즐거움도 커요.

재료_2인분

중화면 2개(460g)
달걀 2개
다진 돼지고기 200g
양배추 1/2개
애호박 1/4개
양파 1개
다진 대파 1컵
춘장 6큰술
생강즙 1큰술
설탕·청주 1큰술씩
굴 소스 2큰술
식용유 적당량

녹말물

녹말가루 1큰술
물 1/2큰술

만들기

1 달군 팬에 기름 3큰술을 두르고 춘장을 넣어 약한 불에서 볶는다. 끓기 시작하면 5분 정도 더 볶는다.

2 양배추와 애호박, 양파는 깍둑썰기 한다.

3 달군 팬에 기름을 두르고 다진 대파를 볶아 향을 낸 뒤 양파를 넣어 볶는다.

4 양파가 투명해지면 다진 돼지고기와 생강즙을 넣어 뭉치지 않게 볶다가 양배추, 애호박, 설탕, 청주를 넣어 볶는다.

5 ④에 볶은 춘장 4큰술을 넣어 볶다가 굴 소스로 간하고 녹말물을 팬 가장자리로 조금씩 넣어 농도를 맞춘다.

6 끓는 물에 중화면을 삶아서 체에 밭쳐 물기를 뺀다.

7 달군 팬에 기름을 조금 두르고 달걀프라이를 만든다.

8 그릇에 중화면을 담고 ⑤의 짜장을 얹는다.

3   4   5   6

tip 춘장을 기름에 볶으면 짠맛이 줄고 맛이 부드러워집니다. 볶는 시간은 춘장의 양에 따라 조절하세요.

해물볶음우동

쫄깃한 우동을 데리야키 소스로 볶아 누구에게나 인기 있어요.
해물의 질감이 살아있고 달콤 짭짤해 안주로도 좋아요.

재료_2인분

우동 400g
냉동 모둠해물 60g
홍합 100g
양파 1/2개
빨강·노랑 파프리카 1/2개씩
방울토마토 6개
대파 15g
다진 마늘 1큰술
데리야키 소스 2큰술
마요네즈 적당량
가다랑어포 조금
통후추 조금
식용유 1큰술

만들기

1 모둠해물과 홍합을 깨끗이 씻어 체에 밭쳐 물기를 뺀다.

2 파프리카와 양파는 채 썰고, 대파도 5cm 길이로 채 썬다. 방울토마
토는 반 자른다.

3 끓는 물에 우동을 넣고 삶아 체에 밭쳐 물기를 뺀다.

4 달군 팬에 기름을 두르고 센 불에 채 썬 대파와 다진 마늘을 볶다가
양파, 파프리카를 넣어 볶는다.

5 ④에 해물과 홍합을 넣어 볶은 뒤, 데친 우동과 데리야키 소스를 넣
어 볶는다.

6 그릇에 해물볶음우동을 담고 통후추를 갈아 뿌린 뒤, 마요네즈와
가다랑어포를 뿌린다.

tip 데리야키 소스에 굴 소스를 2 : 1 비율로 섞어 넣으면 맛이 한결 깊어져요. 숙주가 있다
면 마지막에 넣고 살짝 볶아 아삭한 맛을 즐겨도 좋아요.

미고렝

미고렝은 에그누들로 만드는 인도네시아의 볶음국수예요.
달콤 짭짤하면서도 스크램블드에그를 넣어 부드러워요.

재료_2인분

에그누들 3개
베이컨 4줄
숙주 100g
청경채 2개
알배추 2장
양파 1/2개
마늘 3쪽
페페론치노 3개
달걀 2개
포도씨유 적당량

소스

굴 소스 2큰술
간장·설탕·청주 1큰술씩
토마토케첩 1큰술

만들기

1 청경채는 4등분하고, 알배추와 양파는 사방 2cm 크기로 썬다.

2 마늘은 저미고, 페페론치노는 다진다. 베이컨은 3cm 길이로 썬다.

3 소스 재료를 모두 섞는다.

4 끓는 물에 에그누들을 3분간 삶아서 찬물에 헹궈 물기를 뺀다.

5 팬에 포도씨유를 두른 뒤 달걀을 곱게 풀어 넣고 빠르게 휘저어 스크램블드에그를 만든다.

6 팬에 저민 마늘과 페페론치노를 1분 정도 볶다가 베이컨을 넣는다. 베이컨이 노릇하게 익으면 양파, 알배추, 숙주, 청경채 순으로 넣어 볶는다.

7 ⑥에 삶은 에그누들과 소스를 넣어 볶다가 스크램블에그를 넣고 1분간 더 볶는다.

8 그릇에 미고렝을 담고 입맛에 따라 쪽파나 고수를 곁들인다.

1

2

4

5

tip 에그누들은 반죽에 달걀을 넣어 고소한 맛이 나는 국수예요. 없으면 라면을 사용해도 돼요.

치즈라볶이

라면과 떡볶이의 맛있는 만남. 매콤 달콤한 양념에 고소한 치즈까지,
출출할 때 아이들 간식으로 최고예요.

재료_2인분

라면 1개
떡볶이 떡 2컵
어묵 2장
양파 1/2개
대파 30g
모차렐라 치즈 1컵

멸치국물

국물용 멸치 10마리
다시마 5×5cm 1장
물 3½컵

양념장

고추장 2큰술
고춧가루 1큰술
간장 1½큰술
설탕·물엿 2큰술씩
다진 마늘 1작은술
물 3컵

만들기

1 떡볶이 떡을 가닥가닥 떼어 물에 담가둔다.

2 볼에 양념장 재료를 섞어 20분 정도 숙성시킨다.

3 양파는 채 썰고, 대파는 어슷하게 썰고, 어묵은 한입 크기로 썬다.

4 냄비에 멸치와 다시마를 넣고 물을 부어 중불에서 끓인다. 끓어오르
   면 다시마를 건지고 약한 불로 줄여 10분간 더 끓인 뒤 체에 거른다.

5 멸치국물에 숙성시킨 양념장을 풀고 불린 떡을 넣어 끓인다.

6 떡볶이가 끓기 시작하면 라면, 어묵, 양파를 넣어 끓인다.

7 면발이 풀어지기 시작하면 대파를 넣고 모차렐라 치즈를 뿌려 뚜껑
   을 덮는다. 치즈가 완전히 녹으면 그릇에 담는다.

tip 오븐용 그릇에 담고 모차렐라 치즈를 뿌려 180~200℃의 오븐에 10분 정도 굽거나,
     비닐 랩을 씌워 전자레인지에 5분 정도 돌려도 됩니다.

볶음건두부국수

고소한 건두부에 고기와 채소를 듬뿍 넣어 두반장 소스로 볶은
중국식 볶음국수예요. 보기에도 푸짐하고 포만감이 커요.

재료_2인분

건두부 5장
다진 돼지고기 130g
당근 1/4개
양파 1/2개
청경채 4개
대파 1대
다진 마늘 1큰술
청주 2큰술
참기름 1작은술
소금·후춧가루 조금씩
식용유 2큰술

볶음 양념

두반장·굴 소스 2큰술씩
청주 1큰술
물 1컵

녹말물

녹말가루 1큰술
물 1큰술

만들기

1 건두부를 1cm 폭으로 길게 썬다.

2 당근과 양파는 채 썰고, 대파는 어슷하게 썰고, 청경채는 4등분한다.

3 볶음 양념 재료를 모두 섞는다.

4 달군 팬에 기름을 두르고 다진 마늘을 볶다가 다진 돼지고기와 청
  주, 소금, 후춧가루를 넣어 센 불에 볶는다.

5 ④에 양파, 당근, 대파, 청경채를 넣어 볶다가 볶음 양념을 넣어 끓
  인다.

6 끓어오르면 건두부를 넣고 끓이면서 녹말물을 조금씩 넣어가며 농
  도를 맞춘다.

7 불을 끄고 참기름을 넣어 섞는다.

tip 청경채 잎을 가닥가닥 떼어 넣어도 맛있어요. 잎만 넣을 경우에는 너무 푹 익을 수 있
    으니 건두부가 익으면 넣으세요.

PASTA

PART 5

파스타

알리오올리오

마늘과 올리브유로 볶은 파스타로 마늘의 알싸한 맛이 매력적이에요.
치즈가루로 고소함까지 더했어요.

재료_2인분

스파게티 160g
마늘 5쪽
페페론치노 3개
파르메산 치즈가루 2큰술
이탈리안 파슬리 조금
소금·후춧가루 조금씩
올리브유 4큰술

만들기

1 마늘은 저미고, 페페론치노는 굵게 다진다.

2 끓는 물에 소금을 넣고 스파게티를 7~8분간 삶아 건진다. 스파게티 삶은 물 1/4컵은 따로 담아둔다.

3 달군 팬에 올리브유를 두르고 약한 불에 마늘을 노릇하게 볶는다.

4 ③에 페페론치노를 넣고 30초간 매운 향이 나도록 볶은 뒤, 스파게티 삶은 물 1/4컵을 넣는다.

5 끓어오르면 삶은 스파게티를 넣고 소금, 후춧가루로 간한 뒤 파르메산 치즈가루를 뿌려 버무린다.

6 접시에 스파게티를 담고 이탈리안 파슬리를 다져서 뿌린다.

tip 올리브유에 마늘을 먼저 볶은 뒤 스파게티를 넣어 버무리면 마늘 향이 배어 더 맛있답니다. 파르메산 치즈가루 대신 파르미지아노 레지아노 치즈나 그라나 파다노 치즈 덩어리를 즉석에서 갈아 넣으면 풍미가 더 좋아요.

해물토마토스파게티

여러 가지 해물이 듬뿍 들어간 토마토소스 스파게티예요.
페페론치노를 다져 넣어 매콤하면서 개운해요.

재료_2인분

스파게티 160g
오징어 몸통 1/2마리분
칵테일새우 8마리
홍합 100g
바질 조금

토마토소스

페페론치노 4개
양파 1/2개
마늘 4쪽
토마토소스 1컵
화이트 와인 4큰술
소금·후춧가루 조금씩
올리브유 2큰술

만들기

1 오징어는 깨끗이 씻어 칼집을 내고 한입 크기로 썬다. 홍합과 새우는
깨끗이 씻어 체에 밭쳐 물기를 뺀다.

2 마늘은 저미고, 양파와 페페론치노는 굵게 다진다.

3 끓는 물에 소금을 넣고 스파게티를 7~8분간 삶아 건진다. 스파게티
삶은 물 1/2컵은 따로 담아둔다.

4 달군 팬에 올리브유를 두르고 마늘을 노릇하게 볶은 뒤, 양파와 페
페론치노를 넣어 매운 향을 낸다.

5 ④에 해물을 넣고 소금, 후춧가루로 간한 뒤 센 불에서 화이트 와인
을 넣어 알코올을 날린다.

6 스파게티 삶은 물 1/2컵을 넣어 끓이다가 토마토소스를 부어 끓인
다. 걸쭉해지면 삶은 스파게티를 넣어 버무린다.

7 그릇에 스파게티를 담고 바질을 올린다.

tip 파스타를 만들 때 신선하게 준비해야 할 부재료가 많으면 스파게티를 먼저 삶아둬야
하는데, 이때 면을 먼저 삶아두면 불어서 맛이 없어요. 삶은 스파게티를 올리브유에 버
무려두면 붇지 않아 알덴테 상태를 유지할 수 있습니다.

버섯크림스파게티

진한 크림소스와 다양한 버섯이 어우러져 고소하고 향긋해요.
부드러우면서 쫄깃하게 씹히는 맛이 좋아요.

재료_2인분

스파게티 160g
느타리버섯 100g
양송이버섯 8개
표고버섯 2개
양파 1/2개
파르메산 치즈가루 1큰술
그라나 파다노 치즈 조금

크림소스

생크림 1컵
우유 1/2컵
소금·후춧가루 조금씩
버터 1큰술

만들기

1 끓는 물에 소금을 넣고 스파게티를 7~8분간 삶아 건진다.

2 느타리버섯은 먹기 좋게 가닥가닥 떼고, 양송이버섯과 표고버섯은
   모양을 살려 도톰하게 썬다. 양파는 채 썬다.

3 달군 팬에 버터를 넣어 녹이고 양파를 투명하게 볶는다.

4 볶은 양파에 손질한 버섯을 넣고 소금, 후춧가루로 간해 볶는다.

5 생크림과 우유를 넣어 끓이다가 삶은 스파게티와 파르메산 치즈가
   루를 넣어 섞는다.

6 그릇에 스파게티를 담고 그라나 파다노 치즈를 슬라이스해 뿌린다.

2   3   4   5

tip 크림파스타는 생크림과 우유의 농도를 맞추는 게 중요해요. 생크림을 너무 많이 넣으
면 느끼할 수 있으니 입맛에 맞춰 적당히 조절하세요.

고르곤졸라파스타

진한 풍미의 고르곤졸라 치즈를 넣어 고급스러운 맛이 나요.
달면서 톡 쏘는 오묘한 맛이 매력적입니다.

재료_2인분

스파게티 160g
소 등심 100g
베이컨 2장
양송이버섯 3개
양파 1/4개

고르곤졸라크림소스

생크림 125mL
우유 1/2컵
고르곤졸라 치즈 50g
다진 마늘 1작은술
소금·후춧가루 조금씩
올리브유 2큰술

만들기

1 양파는 다지고, 양송이버섯은 모양을 살려 도톰하게 썬다. 베이컨은
   3cm 길이로 썰고, 쇠고기는 도톰하게 썬다.

2 끓는 물에 소금을 넣고 스파게티를 7~8분간 삶아 건진다.

3 달군 팬에 올리브유를 두르고 다진 마늘을 볶다가 쇠고기, 양파, 양
   송이버섯, 베이컨을 넣어 볶는다.

4 ③에 생크림, 우유, 고르곤졸라 치즈를 넣어 끓인다.

5 삶은 스파게티를 넣고 소금, 후춧가루로 간해 버무린다.

tip 고르곤졸라 치즈는 짭짤하면서 자극적인 맛이 특징이에요. 샐러드드레싱으로 이용하
거나 파스타, 피자에 넣으면 특유의 풍미를 즐길 수 있어요.

카르보나라

소스에 달걀노른자를 넣어 더 진하고 부드러운 크림파스타예요.
한입 먹으면 입 안 가득 고소함이 퍼져요.

재료_2인분

스파게티 160g
베이컨 4장
파르메산 치즈가루 1큰술
이탈리안 파슬리 조금

카르보나라 소스

양파 1/4개
마늘 4쪽
달걀노른자 1개분
생크림 1/2컵
우유 1컵
소금·후춧가루 조금씩
버터 1큰술

만들기

1 끓는 물에 소금을 넣고 스파게티를 7~8분간 삶아 건진다.

2 마늘은 저미고, 양파와 이탈리안 파슬리는 굵게 다진다. 베이컨은 3cm 길이로 썬다.

3 달군 팬에 버터를 녹이고 마늘과 양파를 볶는다.

4 양파가 투명해지면 베이컨을 넣어 볶다가 생크림과 우유를 넣어 끓인다.

5 크림소스가 끓으면 불을 줄이고 달걀노른자를 넣어 재빨리 섞는다.

6 ⑤의 소스에 삶은 스파게티를 넣고 소금, 후춧가루로 간해 버무린다.

7 그릇에 스파게티를 담고 파르메산 치즈가루와 이탈리안 파슬리를 다져서 뿌린다.

2   3   4   5

tip   카르보나라는 달걀노른자의 진한 맛을 느낄 수 있는 파스타예요. 크림소스에 달걀노른자를 풀어 섞는 대신 삶은 달걀노른자를 체에 곱게 내려 섞어도 돼요. 접시에 담고 달걀노른자를 올려 섞어 먹어도 맛있어요.

오븐구이 미트볼파스타

토마토소스에 미트볼을 넣고 치즈를 올려 오븐에 구웠어요.
쫄깃한 모차렐라 치즈가 색다른 맛과 재미를 줍니다.

재료_2인분

펜네 160g
토마토소스 2컵
다진 양파 1큰술
다진 마늘 1작은술
모차렐라 치즈 1컵
이탈리안 파슬리 조금
소금·후춧가루 조금씩
올리브유 2큰술

미트볼

다진 쇠고기 50g
다진 돼지고기 50g
달걀 1개
빵가루 4큰술
다진 양파 1큰술
다진 마늘 1작은술
청주 2큰술
설탕 1/2작은술
소금·후춧가루 조금씩

만들기

1 볼에 미트볼 재료를 넣고 골고루 치대어 반죽한 뒤 한입 크기로 동그랗게 빚는다.

2 달군 팬에 올리브유를 두르고 미트볼을 넣어 약한 불에서 굴려가며 노릇하게 익힌다.

3 미트볼이 익으면 다진 마늘과 다진 양파를 넣어 같이 볶는다.

4 끓는 물에 소금을 넣고 펜네를 7~8분간 삶아 건진다.

5 미트볼 팬에 삶은 펜네와 토마토소스를 넣어 섞는다.

6 오븐용 그릇에 펜네를 담고 모차렐라 치즈를 뿌려 190℃로 예열한 오븐에 치즈가 녹을 정도로 굽는다.

7 오븐에서 꺼내어 이탈리안 파슬리를 다져서 뿌린다.

tip 미트볼은 조리 중에 부서지기 쉬워요. 미트볼이 잘 뭉쳐지게 하려면 끈기가 생길 때까지 여러 번 주물러 치대고, 무엇보다 기름기가 적은 고기를 써야 해요.

해물냉파스타

샐러드처럼 산뜻하게 즐기는 파스타예요.
꿀을 넣은 발사믹 드레싱과 해물이 어우러져 풍미가 좋아요.

재료_2인분

푸실리 160g
오징어 1마리
칵테일새우 8마리
홍합살 1줌
방울토마토 4개
어린잎채소 50g

드레싱

올리브유 4큰술
발사믹식초 1큰술
꿀 2큰술
다진 양파 1작은술
소금·후춧가루 조금씩

만들기

1 오징어와 새우, 홍합살을 깨끗이 씻어, 오징어는 껍질을 벗기고 칼집을 낸 뒤 한입 크기로 썬다. 손질한 해물을 끓는 물에 데쳐서 찬물에 헹궈 물기를 뺀다.

2 방울토마토는 반 자르고, 어린잎채소는 깨끗이 씻어 물기를 뺀다.

3 드레싱 재료를 잘 섞는다.

4 끓는 물에 소금을 넣고 푸실리를 10분간 삶아 찬물에 헹군다.

5 삶은 푸실리에 해물, 방울토마토, 어린잎채소 반, 드레싱을 넣어 버무린다.

6 그릇에 파스타를 담고 남은 어린잎채소를 올린다.

tip 기본 냉파스타 드레싱에 핫 소스 1큰술과 토마토케첩 3큰술을 넣어 매운 냉파스타를 즐겨보세요. 푸실리 대신 조랭이떡을 삶아서 넣어도 쫄깃쫄깃 맛있어요.

크림건두부파스타

두유와 두부로 만든 소스에 건두부를 버무려 고소함이 두 배예요.
배지테리언 다이어터들에게 최고인 저칼로리식이지요.

재료_2인분

건두부 200g
아스파라거스 4대
양파 1/2개
올리브 5개
삶은 병아리콩 1큰술

두부크림소스

두부 1/2모
두유 1컵
다진 마늘 1큰술
소금·후춧가루 조금씩
올리브유 2큰술

만들기

1 병아리콩을 물에 담가 5시간 동안 불린다.

2 아스파라거스는 5cm 길이로 썰고, 양파는 채 썬다. 올리브는 저미고, 건두부는 1cm 폭으로 길게 썬다.

3 불린 병아리콩을 끓는 물에 20분간 삶는다.

4 블렌더에 두부와 두유, 소금을 넣어 곱게 간다.

5 달군 팬에 올리브유를 두르고 다진 마늘과 양파를 볶는다. 양파가 투명해지면 아스파라거스를 넣고 중불에서 볶는다.

6 ⑤에 갈아둔 두부와 두유를 넣어 끓인다.

7 두부크림소스가 끓으면 건두부와 올리브, 병아리콩을 넣고 소금, 후춧가루로 간해 버무린다.

tip 두부를 갈아 약식으로 만들어도 되지만, 콩을 갈아서 제대로 만들면 더 좋아요. 대두 1컵을 충분히 불린 뒤, 믹서에 물 4컵을 붓고 곱게 갈아 체에 거르면 됩니다.

봉골레파스타

조개와 올리브유, 마늘과 화이트 와인이 어우러진 파스타예요.
조갯살에 와인의 향이 스며들어 개운해요.

재료_2인분

스파게티 160g
모시조개 200g
마늘 5쪽
페페론치노 2개
화이트 와인 4큰술
이탈리안 파슬리 조금
소금·후춧가루 조금씩
올리브유 2큰술

만들기

1 모시조개를 옅은 소금물에 담가 해감을 뺀다.

2 끓는 물에 소금을 넣고 스파게티를 7~8분간 삶아 건진다. 스파게티
삶은 물 1컵은 따로 담아둔다.

3 마늘은 저미고 페페론치노는 굵게 다진다.

4 달군 팬에 올리브유를 두르고 약한 불에 마늘을 볶다가 페페론치노
를 넣어 볶는다.

5 매운 향이 나면 모시조개를 넣고 센 불에서 화이트 와인을 넣어 알
코올을 날린 뒤, 스파게티 삶은 물 1컵을 넣어 끓인다.

6 조개가 벌어지면 삶은 스파게티를 넣고 중불에 볶은 뒤 소금, 후춧
가루로 간한다.

7 그릇에 파스타를 담고 이탈리안 파슬리를 다져서 뿌린다.

tip 신선한 조개를 준비해 해감을 잘 빼는 게 포인트예요. 조개는 너무 오래 익히면 질겨져
서 맛이 없으니 주의하세요.

바질파스타

생 바질이 듬뿍 들어간 바질 페스토로 만들어 향긋하고 고소해요.
싱그러운 바질 향을 그대로 느낄 수 있어요.

재료_2인분

스파게티 160g
바질 페스토 6큰술
칵테일새우 8마리
올리브 5개
양파 1/4개
파르메산 치즈가루 조금
소금·후춧가루 조금씩
올리브유 3큰술

만들기

1 끓는 물에 소금을 넣고 스파게티를 7~8분간 삶아 건진다.

2 양파는 굵게 다지고, 올리브는 송송 썬다. 칵테일새우는 깨끗하게
   씻어 물기를 뺀다.

3 달군 팬에 올리브유를 두르고 양파를 볶다가 투명해지면 새우를 넣
   고 소금, 후춧가루로 간해 볶는다.

4 새우가 익으면 삶은 스파게티와 바질 페스토, 올리브를 넣어 볶는다.

5 그릇에 파스타를 담고 파르메산 치즈가루를 뿌린다.

tip 바질 페스토는 마트에서 살 수 있지만 직접 만들어도 좋아요. 바질 80g, 잣 50g, 파르
메산 치즈가루 50g, 마늘 2쪽, 올리브유 3/4컵을 믹서에 함께 넣고 갈면 됩니다. 빵에
발라 먹어도 맛있어요.

RICE BALLS A

PART 6

곁들이면 좋은
주먹밥과 밑반찬

ND SIDE DISH

참치주먹밥

참치 통조림은 누구나 좋아하는 재료죠.
청주를 넣어 비린 맛을 잡는 게 포인트예요.

재료_2인분

밥 1공기
통조림 참치 1/2컵
다진 단무지 1작은술
청주 1큰술

tip

김치를 소를 털고 잘게 다져서
함께 넣어도 맛있어요.

만들기

1 참치를 체를 받쳐 기름을 뺀다.

2 팬에 참치와 청주를 넣어 물기를 날리는 정도로 볶다가 다진 단무지
를 넣어 섞는다.

3 따뜻한 밥에 볶은 참치를 넣고 섞어 한입 크기로 뭉친다.

매실장아찌주먹밥

매콤한 매실장아찌가 입맛 돋우는 주먹밥이에요.
아작아작 씹는 맛도 좋아요.

재료_2인분

밥 1공기
매실고추장장아찌 30g
참기름 1/2작은술

tip

손을 물에 적셔 밥을 뭉치면
밥알이 손에 묻지 않고 잘 뭉
쳐져요.

만들기

1 매실고추장장아찌를 잘게 다진다.

2 따뜻한 밥에 다진 장아찌와 참기름을 넣어 골고루 섞는다.

3 섞은 밥을 한입 크기로 뭉친다.

멸치주먹밥

칼슘이 풍부한 영양 주먹밥이에요.
남은 반찬을 이용하면 쉽게 만들 수 있어요.

재료_2인분

밥 1공기
멸치볶음 50g
김 1/2장
참기름 1큰술
소금 조금

tip
입맛에 따라 청양고추를 조금
다져 넣어도 맛있어요.

만들기

1 김을 살짝 구워서 비닐봉지에 담아 부순다.

2 따뜻한 밥에 멸치볶음, 김, 소금, 참기름을 넣어 섞는다.

3 섞은 밥을 한입 크기로 뭉친다.

단무지주먹밥

단무지만 넣어 새콤달콤 깔끔해요.
어떤 국수에 곁들여도 잘 어울립니다.

재료_2인분

밥 1공기
단무지 50g
식초 1/2큰술
설탕 1/2큰술
소금 1/2작은술

단무지 양념

참기름 1/2큰술
깨소금 1/2큰술

tip
우엉조림을 잘게 다져 함께
넣어도 맛있어요.

만들기

1 단무지를 잘게 다져 참기름과 깨소금에 무친다.

2 따뜻한 밥에 소금, 설탕, 식초를 넣어 양념한다.

3 양념한 밥에 단무지를 넣고 섞어 한입 크기로 뭉친다.

두부소보로주먹밥

두부를 으깨 넣고 청양고추로 매운맛을 더했어요.
부드럽고 고소해요.

재료_2인분

두부 100g
청양고추 2개
단무지 30g
김가루 2큰술
간장 1/2작은술
소금 조금

tip
청양고추는 취향에 따라 양을
조절하세요.

만들기

1 청양고추는 잘게 다지고, 두부는 칼 옆면으로 으깬다.

2 단무지는 물기를 꼭 짜 잘게 다진다.

3 달군 팬에 으깬 두부를 넣고 소금으로 간해 중불에서 4분간 볶는다.

4 따뜻한 밥에 두부, 고추, 단무지, 김가루, 간장을 넣고 섞어 한입 크
   기로 뭉친다.

오니기리

통조림 햄을 넣은 일본 주먹밥이에요.
짭조름한 햄 맛에 아이들이 좋아합니다.

재료_2인분

밥 1공기
김 1/2장
통조림 햄 5×5cm 1장
참기름 2작은술
통깨·소금 조금씩

tip

햄을 납작하게 썰어 구워서
뭉친 밥 위에 올리고 김을 둘
러도 좋아요.

만들기

1 통조림 햄을 작게 썰어 팬에 볶는다.

2 따뜻한 밥에 소금, 참기름, 통깨를 넣어 양념한다.

3 양념한 밥을 뭉쳐 가운데에 볶은 햄을 넣고 삼각형으로 만들어 김
으로 감싼다.

178

배추겉절이

배추속대를 멸치액젓으로 간해 버무려 먹는 즉석 김치예요.
배추의 시원한 맛이 살아있어 산뜻해요.

재료

배추속대 1/2포기분
쪽파 6뿌리
통깨 1큰술
소금 조금

소금물

소금 1/2컵
물 5컵

양념

고춧가루 3큰술
멸치액젓 2큰술
설탕 3큰술
다진 마늘 2큰술
생강즙 1작은술
소금 조금

tip

시간이 없으면 배추를 미지근
한 물에 절이세요. 한결 빨리
절어요.

만들기

1 배추속대를 한입 크기로 썰어 소금물에 1시간 정도 절인다.

2 쪽파를 5cm 길이로 썬다.

3 양념 재료를 고루 섞는다.

4 절인 배추의 물기를 털어 그릇에 담고 쪽파와 양념을 넣어 살살 버무
   린다. 부족한 간은 소금으로 맞춘다.

5 그릇에 겉절이를 담고 통깨를 뿌린다.

오이겉절이

아삭아삭한 오이겉절이는 여름에 먹으면 제 맛이에요.
간장으로 간해 버무려 깔끔해요.

재료

오이 1개
양파 1/4개
소금 1/2작은술
굵은 소금 조금

양념

고춧가루 1큰술
간장 1큰술
설탕 1작은술
다진 마늘 1작은술
참기름 1/2작은술

tip
오이는 오톨도톨 가시가 살아
있는 것이 싱싱한 거예요. 모
양이 곧고 굵기가 고른 게 맛
있어요.

만들기

1 오이를 굵은 소금으로 문질러 씻어 길이로 반 갈라 어슷하게 썬 뒤,
   소금을 뿌려 살짝 절인다. 물기가 배어 나오면 손으로 물기를 짠다.

2 양파를 가늘게 채 썬다.

3 양념 재료를 고루 섞는다.

4 오이와 양파를 한데 담고 양념을 넣어 살살 버무린다.

부추겉절이

독특한 향이 좋은 부추를 새콤하게 버무렸어요.
고기가 들어간 음식과 잘 맞아요.

재료

부추 1/2단
양파 1/4개
통깨 1큰술

양념

고춧가루 2큰술
간장 2큰술
물엿 1큰술
식초 1큰술
다진 마늘 1큰술
생강즙 조금
참기름 1작은술

tip

부추는 손이 많이 가면 풋내
가 나요. 빠르게 손질하고 살
살 뒤적이며 버무리세요.

만들기

1 부추는 모아 쥐고 물에 흔들어 씻어 5cm 길이로 썬다. 양파는 가
　늘게 채 썬다.

2 양념 재료를 고루 섞는다.

3 부추, 양파, 붉은 고추를 한데 담고 양념을 넣어 살살 버무린다.

4 그릇에 겉절이를 담고 통깨를 뿌린다.

오이피클

상큼한 오이피클은 누구나 좋아하는 밑반찬이에요.
도시락 쌀 때 곁들여 담으면 좋아요.

재료

오이 2개
양파 1/2개

절임물

식초 1/2컵
물 1컵
설탕 1컵
소금 2큰술
월계수 잎 1장
통후추 10알
피클링 스파이스 1큰술

tip

오이지를 만들어도 좋아요. 오이에 소금물을 끓여 붓고 오이가 푹 잠긴 상태로 3~4일 두면 돼요.

만들기

1 양파는 도톰하게 채 썰고, 오이는 양파와 비슷한 크기로 길쭉하게 썬다.

2 냄비에 식초를 뺀 절임물 재료를 넣어 한소끔 끓인 뒤, 식초를 넣고 바로 불을 끈다.

3 병에 오이와 양파를 담고 뜨거운 절임물을 붓는다.

4 한 김 식힌 뒤 뚜껑을 닫아 3일간 냉장 보관한다.

무피클

무피클은 여러 가지 재료가 들어간 볶음국수와 잘 어울려요.
집에서 만들면 더 맛있어요.

재료

무 1/2개
비트 3×3×3cm 1조각

절임물

식초 1컵
물 2컵
설탕 1컵
소금 1작은술
통후추 10알
피클링 스파이스 1큰술

tip

무는 껍질에 비타민 C가 많이
들어있어요. 벗겨내지 말고
솔이나 수세미로 씻으세요.

만들기

1 무는 한입 크기로 썰고, 비트도 먹기 좋게 썬다.

2 냄비에 식초를 뺀 절임물 재료를 넣어 한소끔 끓인 뒤, 식초를 넣고
  바로 불을 끈다.

3 병에 무와 비트를 담고 뜨거운 절임물을 붓는다.

4 한 김 식힌 뒤 뚜껑을 닫아 3일간 냉장 보관한다.

양배추피클

양배추에는 필수아미노산과 칼슘이 풍부해요.
새콤달콤하게 피클을 만들면 아이들도 잘 먹어요.

재료

양배추 1/4개
양파 1/2개
비트 3×3×3cm 1조각
마늘 2쪽

절임물

식초 5큰술
물 1/2컵
설탕 3큰술
소금 2큰술
피클링 스파이스 1큰술

tip

양배추의 두꺼운 줄기는 잘라 버리는 경우가 많은데, 여기에 위점막을 보호하는 비타민 U 가 많아요. 버리지 말고 잘게 썰어서 콜슬로를 만들어보세요. 당근, 양파 등과 함께 마요네즈, 설탕, 식초, 레몬즙, 소금, 후춧가루로 양념하면 돼요.

만들기

1 양배추는 한입 크기로 썰고, 양파와 비트도 비슷한 크기로 썬다. 마늘은 저민다.

2 냄비에 식초를 뺀 절임물 재료를 넣어 한소끔 끓인 뒤, 식초를 넣고 바로 불을 끈다.

3 병에 채소를 담고 뜨거운 절임물을 붓는다.

4 한 김 식힌 뒤 뚜껑을 닫아 3일간 냉장 보관한다.

고추간장장아찌

매콤한 풋고추로 새콤달콤한 장아찌를 담갔어요.
제철인 여름에 담가 먹으면 맛있어요.

재료

풋고추 200g

절임장

간장 1½컵
식초 2컵
물 1컵
설탕 1/2컵
소금 1큰술

tip

풋고추에 군데군데 구멍을 내면 절임장이 속까지 배어 맛있어요. 살이 단단한 고추로 담가야 매콤한 맛이 좋아요.

만들기

1 풋고추를 꼭지째 깨끗이 씻어 물기를 뺀 뒤, 이쑤시개로 두세 군데 찔러 구멍을 낸다.

2 냄비에 물, 간장, 설탕, 소금을 넣어 한소끔 끓인 뒤, 식초를 넣고 다시 한소끔 끓여 식힌다.

3 밀폐용기에 풋고추를 담고 무거운 것으로 누른 뒤 절임물을 붓는다.

4 그늘지고 서늘한 곳에서 2주 정도 삭혀 냉장 보관한다.

새송이버섯간장장아찌

버섯으로 장아찌를 담그면 쫄깃한 맛이 좋아요.
홍고추를 넣어 매콤한 맛을 더했어요.

재료

새송이버섯 3개
홍고추 1개

절임장

간장 1/2컵
식초 1/2컵
물 1/2컵
설탕 1/2컵

tip

버섯의 진한 향을 느끼고 싶다면 말린 표고버섯으로 담가보세요. 물에 불려 물기를 꼭 짜서 담그고, 버섯 불린 물은 절임장 만들 때 사용하세요.

만들기

1 새송이버섯은 밑동을 잘라내고 길이로 도톰하게 저민다. 홍고추는 2cm 길이로 썬다.

2 냄비에 물, 간장, 설탕, 소금을 넣어 한소끔 끓인 뒤, 식초를 넣고 다시 한소끔 끓여 식힌다.

3 밀폐용기에 버섯과 홍고추를 담고 절임장을 붓는다.

4 실온에 하루 동안 두었다가 냉장 보관한다.

셀러리간장장아찌

샐러드로 주로 먹던 셀러리를 색다르게 즐겨보세요.
특유의 향긋함이 입맛을 돋워요.

재료

셀러리 2대
풋고추 6개

절임장

간장 1컵
식초 1컵
물 1/2컵
설탕 1/2컵

tip
절임물을 뜨거울 때 부어야
셀러리의 아삭함이 유지돼요.

만들기

1 셀러리는 섬유질을 벗기고 1cm 길이로 어슷하게 썬다. 풋고추는
　1~1.5cm 길이로 썬다.

2 냄비에 물, 간장, 설탕, 소금을 넣어 한소끔 끓인 뒤, 식초를 넣고 다
　시 한소끔 끓여 식힌다.

3 밀폐용기에 셀러리와 풋고추를 눌러 담고 뜨거운 절임물을 붓는다.

4 실온에서 1주일 정도 삭혀 냉장 보관한다.

연근간장장아찌

연근을 살짝 데쳐서 새콤달콤한 간장에 절였어요.
아삭아삭한 맛이 별미예요.

재료

연근 1개
풋고추 3개

절임장

간장 2컵
식초 1컵
물 1컵
설탕 1컵

tip
연근은 아린 맛이 있어서 살
짝 데쳐 조리해야 맛있어요.

만들기

1 연근은 껍질을 벗기고 반 갈라 1cm 두께로 썬 뒤 끓는 물에 데친다.

2 풋고추는 송송 썬다.

3 냄비에 물, 간장, 설탕, 소금을 넣어 한소끔 끓인 뒤, 식초를 넣고 다
시 한소끔 끓여 식힌다.

4 밀폐용기에 데친 연근과 고추를 담고 절임장을 붓는다.

5 실온에 하루 동안 두었다가 냉장 보관한다.

우엉고추장장아찌

우엉은 몸에 좋기로 소문난 뿌리채소예요.
매콤하게 장아찌를 담가두면 밑반찬으로 좋아요.

재료

우엉 60cm 길이 1대
식초 1½컵
물 1½컵
설탕 1컵
소금 1큰술

절임장

고추장 2큰술
매실청 1큰술

tip

맛있는 성분이 껍질 부분에
많아요. 껍질을 깎지 말고 칼
등으로 살살 긁어내세요.

만들기

1 우엉은 감자칼로 껍질을 벗겨 어슷하게 썬다.

2 냄비에 식초와 물, 설탕, 소금을 넣어 끓이다가, 설탕과 소금이 녹으
 면 우엉을 넣어 15분간 끓인다. 실온에 하루 정도 둔다.

3 우엉에 맛이 들면 고추장과 매실청에 버무려 밀폐용기에 담는다.

4 실온에 하루 동안 두었다가 냉장 보관한다.

깻잎된장장아찌

향긋한 깻잎을 된장에 삭힌 구수한 장아찌예요.
먹을 때 조금씩 꺼내서 양념해 먹어요.

재료

깻잎 100장
된장 3컵
소금 조금

양념

다진 파 1작은술
참기름 1작은술
통깨 1작은술

tip

깻잎은 뒷면에 벌레 알 같은
이물질이 묻어있을 수 있어
요. 한 장씩 꼼꼼히 씻으세요.

만들기

1 깻잎을 한 장씩 씻어서 물기를 뺀 뒤 5~10장씩 겹친다.

2 밀폐용기에 된장을 한 숟가락 펴 바르고 깻잎 묶음을 올린 뒤 다시
   된장을 펴 바른다. 같은 방법으로 깻잎과 된장을 켜켜이 담는다. 깻
   잎이 된장에 완전히 묻히게 한다.

3 그늘지고 서늘한 곳에서 한 달 정도 삭힌다.

4 깻잎을 꺼내어 다진 파와 참기름, 통깨를 솔솔 뿌린다.

+ Plus recipe
# 시판 국수로 만드는 별미 요리

채소비빔라면

재료(2인분) | 라면 2개, 오이 1/2개, 당근 1/6개, 치커리 조금
양념장 | 두반장 2큰술, 간장 2작은술, 식초 3큰술, 청주 1큰술, 물엿 1½큰술, 설탕 1작은술, 후춧가루 조금

1 오이와 당근은 채 썰고, 치커리는 다른 재료와 길이를 맞춰 자른다.
2 양념장 재료를 모두 섞는다.
3 라면을 끓는 물에 삶아서 찬물에 헹궈 물기를 뺀다.
4 라면과 오이, 당근, 치커리를 한데 담고 양념장을 넣어 비빈다.

베이컨볶음라면

재료(2인분) | 라면 2개, 양배추 2장, 당근 30g, 피망 1/3개, 베이컨 3줄, 식용유 조금
양념장 | 간장 1큰술, 물 4큰술, 굴 소스 2큰술, 설탕 1작은술, 후춧가루 조금

1 당근과 피망은 굵게 채 썰고, 양배추와 베이컨은 사방 4cm 크기로 썬다.
2 양념장 재료를 모두 섞는다.
3 라면을 끓는 물에 3분간 삶아 건진다.
4 달군 팬에 기름을 두르고 당근, 양배추, 피망, 베이컨을 볶다가 라면과 양념장을
　넣어 센 불에서 재빨리 볶는다.

해초냉우동

재료(2인분) | 우동 2인분, 샐러드용 해초 30g, 오이 1/4개, 대파 5cm, 쑥갓 1줌

1 국물을 만들어서 냉동실에 넣어 살얼음이 생길 정도로 살짝 얼린다.
2 오이는 채 썰고, 대파는 송송 썬다. 해초는 씻어서 3~4분간 물에 불려 물기를 뺀다.
3 우동을 끓는 물에 삶아서 찬물에 헹궈 물기를 뺀다.
4 그릇에 삶은 우동을 담고 해초, 오이, 대파, 쑥갓을 올린 뒤 살짝 얼린 소스를 붓
　는다.

라면, 우동 같은 인스턴트 국수도 조금만 바꾸면 훌륭한 일품요리가 된다. 손쉽게 별미를 즐길 수 있는 아이디어. 지금부터 시판 국수가 더 맛있게 변신한다.

토르티야를 곁들인 파스타

재료(2인분) | 토마토스파게티 2인분, 토르티야 2장, 베이컨 2줄, 새송이버섯 1개, 식용유 조금, 파르메산 치즈가루 2큰술

1 베이컨은 4cm 길이로 썰고, 새송이버섯은 얇게 저민다.
2 끓는 물에 스파게티를 삶아 건진다.
3 달군 팬에 기름을 두르고 베이컨과 새송이버섯을 볶는다.
4 ③에 소스를 넣어 볶은 뒤 삶은 스파게티를 넣어 볶는다.
5 그릇에 토르티야를 깔고 스파게티를 담은 뒤 파르메산 치즈가루를 뿌린다.
tip 제품에 들어있는 치즈가루를 사용해도 돼요.

불고기물냉면

재료(2인분) | 물냉면 2인분, 양념불고기 80g, 오이 1/3개, 쌈무 3장, 식용유 조금

1 국물을 만들어서 냉장고에 넣어 차갑게 만든다.
2 오이와 쌈무는 1×4cm 크기로 저며 썬다.
3 달군 팬에 기름을 두르고 양념불고기를 바싹 볶는다.
4 냉면을 끓는 물에 삶아서 찬물에 헹궈 물기를 뺀다.
5 그릇에 냉면을 담고 오이와 쌈무, 불고기를 올린 뒤 국물을 붓는다.

골뱅이쫄면

재료(2인분) | 쫄면 2인분, 골뱅이 통조림(작은 것) 1개, 양배추 2장, 깻잎 2장, 당근 1/4개, 양파 1/3개, 부추 20g

1 골뱅이를 체에 밭쳐 물기를 빼고 먹기 좋은 크기로 썬다.
2 양배추, 깻잎, 당근은 채 썰고, 부추는 5cm 길이로 썬다.
3 쫄면을 끓는 물에 삶아서 찬물에 헹궈 물기를 뺀다.
4 쫄면과 채소, 골뱅이를 한데 담고 양념장을 넣어 비빈다.

찾아보기

| 가나다순

• 요리

그대로 따라 하면 엄마가 해주시던 바로 그 맛
한복선의 엄마의 밥상

일상 반찬, 찌개와 국, 별미 요리, 한 그릇 요리, 김치 등 웬만한 요리 레시피는 다 들어있어 기본 요리 실력 다지기부터 매일 밥상 차리기까지 이 책 한 권이면 충분하다. 누구나 그대로 따라 하기만 하면 엄마가 해주시던 바로 그 맛을 낼 수 있다.

한복선 지음 | 312쪽 | 188×245mm | 16,800원

영양학 전문가가 알려주는 저염·저칼륨 식사법
콩팥병을 이기는 매일 밥상

콩팥병은 한번 시작되면 점점 나빠지는 특징이 있어 무엇보다 식사 관리가 중요하다. 영양학 박사와 임상영상사들이 저염식을 기본으로 단백질, 인, 칼륨 등을 줄인 콩팥병 맞춤 요리를 준비했다. 간편하고 맛도 좋아 환자와 가족 모두 걱정 없이 즐길 수 있다.

어메이징푸드 지음 | 248쪽 | 188×245mm | 18,000원

맛과 영양을 담은 피클·장아찌·병조림 60가지
자연으로 차린 사계절 저장식

맛있고 건강한 홈메이드 저장식을 알려주는 레시피북. 기본 피클, 장아찌부터 아보카도장이나 낙지장 등 요즘 인기 있는 레시피까지 모두 수록했다. 제철 재료 캘린더, 조리 팁까지 꼼꼼하게 알려줘 요리 초보자도 실패 없이 맛있는 저장식을 만들 수 있다.

손성희 지음 | 176쪽 | 188×235mm | 14,000원

치료 효과 높이고 재발 막는 항암요리
암을 이기는 최고의 식사법

암 환자들의 치료 효과를 높이고 재발을 막는 데 도움이 되는 음식을 소개한다. 항암치료 시 나타나는 증상별 치료식과 치료를 마치고 건강을 관리하는 일상 관리식으로 나눠 담았다. 항암 식생활, 항암 식단에 대한 궁금증 등 암에 관한 정보도 꼼꼼하게 알려준다.

어메이징푸드 지음 | 280쪽 | 188×245mm | 18,000원

먹을수록 건강해진다!
나물로 차리는 건강밥상

생나물, 무침나물, 볶음나물 등 나물 레시피 107가지를 소개한다. 기본 나물부터 토속 나물까지 다양한 나물반찬과 비빔밥, 김밥, 파스타 등 나물로 만드는 별미요리를 담았다. 메뉴마다 영양과 효능을 소개하고, 월별 제철 나물, 나물요리의 기본 요령도 알려준다.

리스컴 편집부 | 160쪽 | 188×245mm | 12,000원

영양학 전문가의 맞춤 당뇨식
최고의 당뇨 밥상

영양학 전문가들이 상담을 통해 쌓은 데이터를 기반으로 당뇨 환자들이 가장 맛있게 먹으며 당뇨 관리에 성공한 메뉴를 추렸다. 한 상 차림부터 한 그릇 요리, 브런치, 샐러드와 당뇨 맞춤 음료, 도시락 등으로 구성해 매일 활용할 수 있으며, 조리법도 간단하다.

어메이징푸드 지음 | 256쪽 | 188×245mm | 16,000원

만약에 달걀이 없었더라면 무엇으로 식탁을 차릴까
오늘도 달걀

값싸고 영양 많은 완전식품 달걀을 더 맛있게 즐길 수 있는 달걀 요리 레시피북. 가벼운 한 끼부터 든든한 별식, 밥반찬, 간식과 디저트, 음료까지 맛있는 달걀 요리 63가지를 담았다. 레시피가 간단하고 기본 조리법과 소스 등도 알려줘 누구나 쉽게 만들 수 있다.

손성희 지음 | 136쪽 | 188×245mm | 14,000원

내 몸이 가벼워지는 시간
샐러드에 반하다

한 끼 샐러드, 도시락 샐러드, 저칼로리 샐러드, 곁들이 샐러드 등 쉽고 맛있는 샐러드 레시피 64가지를 소개한다. 각 샐러드의 전체 칼로리와 드레싱 칼로리를 함께 알려줘 다이어트에도 도움이 된다. 다양한 맛의 45가지 드레싱 등 알찬 정보도 담았다.

장연정 지음 | 184쪽 | 210×256mm | 14,000원

건강을 담은 한 그릇
맛있다, 죽

맛있고 먹기 좋은 죽을 아침 죽, 영양죽, 다이어트 죽, 약죽으로 나눠 소개한다. 만들기 쉬울 뿐 아니라 전통 죽부터 색다른 죽까지 종류가 다양하고 재료의 영양과 효능까지 알려줘 건강관리에도 도움이 된다. 스트레스에 시달리는 현대인의 식사로, 건강식으로 그만이다.

한복선 지음 | 176쪽 | 188×245mm | 16,000원

오늘부터 샐러드로 가볍고 산뜻하게
오늘의 샐러드

한 끼 식사로 손색없는 샐러드를 더욱 알차게 즐기는 방법을 소개한다. 과일채소, 곡물, 해산물, 육류 샐러드로 구성해 맛과 영양을 다 잡은 맛있는 샐러드를 집에서도 쉽게 먹을 수 있다. 45가지 샐러드에 어울리는 다양한 드레싱을 소개하고, 12가지 기본 드레싱을 꼼꼼히 알려준다.

박선영 지음 | 128쪽 | 150×205mm | 10,000원

볼 하나로 간단히, 치대지 않고 쉽게
무반죽 원 볼 베이킹

누구나 쉽게 맛있고 건강한 빵을 만들 수 있도록 돕는 책. 61가지 무반죽 레시피와 전문가의 Tip을 담았다. 이제 힘든 반죽 과정 없이 볼과 주걱만 있어도 집에서 간편하게 빵을 구울 수 있다. 초보자에게도, 바쁜 사람에게도 안성맞춤이다.

고상진 지음 | 248쪽 | 188×245mm | 20,000원

혼술·홈파티를 위한 칵테일 레시피 85
칵테일 앳 홈

인기 유튜버 리니비니가 요즘 바에서 가장 인기 있고, 유튜브에서 많은 호응을 얻은 칵테일 85가지를 소개한다. 모든 레시피에 맛과 도수를 표시하고 베이스 술과 도구, 사용법까지 꼼꼼하게 담아 칵테일 초보자도 실패 없이 맛있는 칵테일을 만들 수 있다.

리니비니 지음 | 208쪽 | 146×205mm | 18,000원

천연 효모가 살아있는 건강빵
천연발효빵

맛있고 몸에 좋은 천연발효빵을 소개한 책. 홈 베이킹을 넘어 건강한 빵을 찾는 웰빙족을 위해 과일, 채소, 곡물 등으로 만드는 천연발효종 20가지와 천연발효종으로 굽는 건강빵 레시피 62가지를 담았다. 천연발효빵 만드는 과정이 한눈에 들어오도록 구성되었다.

고상진 지음 | 328쪽 | 188×245mm | 19,800원

술자리를 빛내주는 센스 만점 레시피
술에는 안주

술맛과 분위기를 최고로 끌어주는 64가지 안주를 술자리 상황별로 소개했다. 누구나 좋아하는 인기 술안주, 부담 없이 즐기기에 좋은 가벼운 안주, 식사를 겸할 수 있는 든든한 안주, 홈파티 분위기를 살려주는 폼나는 안주, 굽기만 하면 되는 초간단 안주 등 5개 파트로 나누었다.

장연정 지음 | 152쪽 | 151×205mm | 13,000원

정말 쉽고 맛있는 베이킹 레시피 54
나의 첫 베이킹 수업

기본 빵부터 쿠키, 케이크까지 초보자를 위한 베이킹 레시피 54가지. 바삭한 쿠키와 담백한 스콘, 다양한 머핀과 파운드케이크, 폼나는 케이크와 타르트, 누구나 좋아하는 인기 빵까지 모두 담겨 있다. 베이킹을 처음 시작하는 사람에게 안성맞춤이다.

고상진 지음 | 216쪽 | 188×245mm | 16,800원

건강한 약차, 향긋한 꽃차
오늘도 차를 마십니다

맛있고 향긋하고 몸에 좋은 약차와 꽃차 60가지를 소개한다. 각 차마다 효능과 마시는 방법을 알려줘 자신에게 맞는 차를 골라 마실 수 있다. 차를 더 효과적으로 마실 수 있는 기본 정보와 다양한 팁도 담아 누구나 향기롭고 건강한 차 생활을 즐길 수 있다.

김달래 감수 | 200쪽 | 188×245mm | 15,000원

부드럽고 달콤하고 향긋한 8×8가지의 슈와 크림
내가 가장 좋아하는 슈크림

누구나 좋아하는 부드러운 슈크림 레시피북. 기본 슈크림부터 화려하고 고급스러운 슈 과자 레시피까지 이 책 한 권에 모두 담았다. 레시피마다 20컷 이상의 자세한 과정사진이 들어가 있어 그대로 따라 하기만 하면 초보자도 향긋하고 부드러운 슈크림을 만들 수 있을 것이다.

후쿠다 준코 지음 | 144쪽 | 188×245mm | 13,000원

소문난 레스토랑의 맛있는 비건 레시피 53
오늘, 나는 비건

소문난 비건 레스토랑 11곳을 소개하고, 그곳의 인기 레시피 53가지를 알려준다. 파스타, 스테이크, 후무스, 버거 등 맛있고 트렌디한 비건 메뉴를 다양하게 담았다. 레스토랑에서 맛보는 비건 요리를 셰프의 레시피 그대로 집에서 만들어 먹을 수 있다.

김홍미 지음 | 204쪽 | 188×245mm | 15,000원

예쁘고, 맛있고, 정성 가득한 나만의 쿠키
스위트 쿠키 50

베이킹이 처음이라면 쿠키부터 시작해보자. 재료를 섞고, 모양내고, 굽기만 하면 끝! 버터쿠키, 초콜릿쿠키, 팬시쿠키, 과일쿠키, 스파이시쿠키, 너트쿠키 등으로 나눠 예쁘고 맛있고 만들기 쉬운 쿠키 만드는 법 50가지와 응용 레시피를 소개한다.

스테이시 아디만도 지음 | 144쪽 | 188×245mm | 13,000원

맛있게 시작하는 비건 라이프
비건 테이블

누구나 쉽게 맛있는 채식을 시작할 수 있도록 돕는 비건 레시피북. 요즘 핫한 스무디 볼부터 파스타, 햄버그스테이크, 아이스크림까지 88가지 맛있는 비건 요리를 소개한다. 건강한 식단 비건 구성법, 자주 쓰이는 재료 등 채식을 시작하는 데 필요한 정보도 담겨있다.

소나영 지음 | 200쪽 | 188×245mm | 15,000원

• 건강 | 다이어트

반듯하고 꼿꼿한 몸매를 유지하는 비결
등 한번 쫙 펴고 삽시다
최신 해부학에 근거해 바른 자세를 만들어주는 간단한 체조법과 스트레칭 방법을 소개한다. 누구나 쉽게 따라 할 수 있고 꾸준히 실천할 수 있는 1분 프로그램으로 구성되었다. 수많은 환자들을 완치시킨 비법 운동으로, 1주일 만에 개선 효과를 확인할 수 있다.
타카히라 나오노부 지음 | 168쪽 | 152×223mm | 16,800원

아침 5분, 저녁 10분
스트레칭이면 충분하다
몸은 튼튼하게 몸매는 탄력 있게! 아침 5분, 저녁 10분이라도 꾸준히 스트레칭하면 하루하루가 몰라보게 달라질 것이다. 아침저녁 동작은 5분을 기본으로 구성하고 좀 더 체계적인 스트레칭 동작을 위해 10분, 20분 과정도 소개했다.
박서희 지음 | 152쪽 | 188×245mm | 13,000원

라인 살리고, 근력과 유연성 기르는 최고의 전신 운동
필라테스 홈트
필라테스는 자세 교정과 다이어트 효과가 매우 큰 신체 단련 운동이다. 이 책은 전문 스튜디오에 나가지 않고도 집에서 얼마든지 필라테스를 쉽게 배울 수 있는 방법을 알려준다. 난이도에 따라 15분, 30분, 50분 프로그램으로 구성해 누구나 부담 없이 시작할 수 있다.
박서희 지음 | 128쪽 | 215×290mm | 10,000원

통증 다스리고 체형 바로잡는
간단 속근육 운동
통증의 원인은 속근육에 있다. 한의사이자 헬스 트레이너가 통증의 근본부터 해결하는 속근육 운동법을 알려준다. 마사지로 풀고, 스트레칭으로 늘이고, 운동으로 힘을 키우는 3단계 운동법으로, 통증 완화는 물론 나이 들어서도 아프지 않고 지낼 수 있는 건강관리법이다.
이용현 지음 | 156쪽 | 182×235mm | 12,000원

남자들을 위한 최고의 퍼스널 트레이닝
1일 20분 셀프PT
혼자서도 쉽고 빠르게 원하는 몸을 만들도록 돕는 PT 가이드북. 내추럴 보디빌딩 국가대표가 기본 동작부터 잘못된 자세까지 차근차근 알려준다. 오늘부터 하루 20분 셀프PT로 남자라면 누구나 갖고 싶어하는 역삼각형 어깨, 탄탄한 가슴, 식스팩, 강한 하체를 만들어보자.
이용현 지음 | 192쪽 | 188×230mm | 14,000원

• 임신출산 | 자녀교육

산부인과 의사가 들려주는 임신 출산 육아의 모든 것
똑똑하고 건강한 첫 임신 출산 육아
임신 전 계획부터 산후조리까지 현대의 임신부를 위한 똑똑한 임신 출산 육아 교과서. 20년 산부인과 전문의가 임신부들이 가장 궁금해하는 것과 꼭 알아야 것들을 알려준다. 계획 임신, 개월 수에 따른 엄마와 태아의 변화, 안전한 출산을 위한 준비 등을 꼼꼼하게 짚어준다.
김건오 지음 | 408쪽 | 190×250mm | 20,000원

세상에서 가장 아름다운 태교 동화
하루 10분, 아가랑 소곤소곤
독서교육 전문가가 30여 년 동안 읽은 수천 권의 책 중에서 가장 아름다운 이야기 30여 편을 골라 모았다. 마음이 따뜻해지는 이야기, 재치 있고 삶의 지혜가 담긴 이야기, 가족 사랑과 인간애를 느낄 수 있는 이야기들이 가득하다. 태교를 위한 갖가지 정보도 알차게 담겨 있다.
박한나 지음 | 208쪽 | 174×220mm | 16,000원

말 안 듣는 아들, 속 터지는 엄마
아들 키우기, 왜 이렇게 힘들까
20만 명이 넘는 엄마가 선택한 아들 키우기의 노하우. 엄마는 이해할 수 없는 남자아이의 특징부터 소리치지 않고 행동을 변화시키는 아들 맞춤 육아법까지. 오늘도 아들 육아에 지친 엄마들에게 슈퍼 보육교사로 소문난 자녀교육 전문가가 명쾌한 해답을 제시한다.
하라사카 이치로 지음 | 192쪽 | 143×205mm | 13,000원

성인 자녀와 부모의 단절 원인과 갈등 회복 방법
자녀는 왜 부모를 거부하는가
최근 부모 자식 간 관계 단절 현상이 늘고 있다. 심리학자인 저자가 자신의 경험과 상담 사례를 바탕으로 그 원인을 찾고 해답을 제시한다. 성인이 되어 부모와 인연을 끊는 자녀들의 심리와, 그로 인해 고통받는 부모에 대한 위로, 부모와 자녀 간의 화해 방법이 담겨 있다.
조슈아 콜먼 지음 | 328쪽 | 152×223mm | 16,000원

아이는 엄마의 감정을 먹고 자란다
내 아이를 위한 엄마의 감정 공부
엄마의 감정 육아는 아이의 정서에 나쁜 영향을 미친다. 엄마들을 위한 8일간의 감정 공부 프로그램을 그대로 책에 담았다. 감정을 정리하고 자녀와 좀 더 가까워지는 방법을 안내한다. 사례가 풍부하고 워크지도 있어 책을 읽으면서 바로 활용할 수 있다.
양선아 지음 | 272쪽 | 152×223mm | 15,000원

• 취미 | 인테리어

뇌 건강에 좋은 꽃그림 그리기
사계절 꽃 컬러링북

꽃그림을 색칠하며 뇌 건강을 지키는 컬러링북. 컬러링은 인지 능력을 높이기 때문에 시니어들의 뇌 건강을 지키는 취미로 안성맞춤이다. 이 책은 색연필을 사용해 누구나 쉽고 재미있게 색칠할 수 있다. 꽃그림을 직접 그려 선물할 수 있는 포스트 카드도 담았다.

정은희 지음 | 96쪽 | 210×265mm | 13,000원

우리 집을 넓고 예쁘게
공간 디자인의 기술

집 안을 예쁘고 효율적으로 꾸미는 방법을 인테리어의 핵심인 배치, 수납, 장식으로 나눠 알려준다. 포인트를 콕콕 짚어주고 알기 쉬운 그림을 곁들여 한눈에 이해할 수 있다. 결혼이나 이사를 하는 사람을 위해 집 구하기와 가구 고르기에 대한 정보도 자세히 담았다.

가와카미 유키 지음 | 240쪽 | 170×220mm | 16,800원

나 어릴때 놀던 뜰
우리 집 꽃밭 컬러링북

'아빠하고 나하고 만든 꽃밭에, 채송화도 봉숭아도 한창입니다…' 마당 한가운데 동그란 꽃밭, 그 안에 올망졸망 자리 잡은 백일홍, 봉숭아, 샐비어, 분꽃, 붓꽃, 채송화, 과꽃, 한련화… 어릴 적 고향 집 뜰에 피던 추억의 꽃들을 색칠하며 그 시절로 돌아가 보자.

정은희 지음 | 96쪽 | 210×265mm | 14,000원

인플루언서 19인의 집 꾸미기 노하우
셀프 인테리어 아이디어57

베란다와 주방 꾸미기, 공간 활용, 플랜테리어 등 남다른 감각의 셀프 인테리어를 보여주는 19인의 집을 소개한다. 집 안 곳곳에 반짝이는 아이디어가 담겨 있고 방법이 쉬워 누구나 직접 할 수 있다. 집을 예쁘고 편하게 꾸미고 싶다면 그들의 노하우를 배워보자.

리스컴 편집부 엮음 | 168쪽 | 188×245mm | 16,000원

여행에 색을 입히다
꼭 가보고 싶은 유럽 컬러링북

아름다운 유럽의 풍경 28개를 색칠하는 컬러링북. 초보자도 다루기 쉬운 색연필을 사용해 누구나 멋진 작품을 완성할 수 있다. 꿈꿔왔던 여행을 상상하고 행복했던 추억을 떠올리며 색칠하다 보면 편안하고 따뜻한 힐링의 시간을 보낼 수 있다.

정은희 지음 | 72쪽 | 210×265mm | 13,000원

화분에 쉽게 키우는 28가지 인기 채소
우리 집 미니 채소밭

화분 둘 곳만 있다면 집에서 간단히 채소를 키울 수 있다. 이 책은 화분 재배 방법을 기초부터 꼼꼼하게 가르쳐준다. 화분 준비부터 키우는 방법, 병충해 대책까지 쉽고 자세하게 설명하고, 수확량을 늘리는 비결에 대해서도 친절하게 알려준다.

후지타 사토시 지음 | 96쪽 | 188×245mm | 13,000원

꽃과 같은 당신에게 전하는 마음의 선물
꽃말 365

365일의 탄생화와 꽃말을 소개하고, 따뜻한 일상 이야기를 통해 인생을 '잘' 살아가는 방법을 알려주는 책. 두 딸의 엄마인 저자는 꽃말과 함께 평범한 일상 속에서 소중함을 찾고 삶을 아름답게 가꿔가는 지혜를 전해준다. 마음에 닿는 하루 한 줄 명언도 담았다.

조서윤 지음 | 정은희 그림 | 292쪽 | 130×200mm | 16,000원

119가지 실내식물 가이드
실내식물 죽이지 않고 잘 키우는 방법

반려식물로 삼기 적합한 119가지 실내식물의 특징과 환경, 적절한 관리 방법을 알려주는 가이드북. 식물에 대한 정보를 위치, 빛, 물과 영양, 돌보기로 나누어 보다 자세하게 설명한다. 식물을 키우며 겪을 수 있는 여러 문제에 대한 해결책도 제시한다.

베로니카 피어리스 지음 | 144쪽 | 150×195mm | 16,000원

내 피부에 딱 맞는 핸드메이드 천연비누
나만의 디자인 비누 레시피

예쁘고 건강한 천연비누를 만들 수 있도록 돕는 레시피북. 천연비누부터 배스밤, 버블바, 배스 솔트까지 39가지 레시피를 한 권에 담았다. 재료부터 도구, 용어, 팁까지 친절하게 설명해 책을 따라 하다 보면 누구나 쉽게 천연비누를 만들 수 있다.

오혜리 지음 | 248쪽 | 190×245mm | 18,000원

내 집은 내가 고친다
집수리 닥터 강쌤의 셀프 집수리

집 안 곳곳에서 생기는 문제들을 출장 수리 없이 내 손으로 고칠 수 있게 도와주는 책. 집수리 전문가이자 인기 유튜버인 저자가 25년 경력을 통해 얻은 노하우를 알려준다. 전 과정을 사진과 함께 자세히 설명하고, QR코드를 수록해 동영상도 볼 수 있다.

강태운 지음 | 272쪽 | 190×260mm | 22,000원

입맛 없을 때 간단하고 맛있는 한 끼

뚝딱 한 그릇, 국수

지은이 | 장연정
어시스트 | 권소정
　　　　박소정 김민희 구도경 김영은

사진 | 최해성(Bay Studio) 허광(Cheese Studio)

편집 | 김소연 홍다예 이희진
디자인 | 이미정 한송이
마케팅 | 장기봉 이진목 김슬기

인쇄 | 금강인쇄

초판 1쇄 | 2021년 7월 5일
초판 4쇄 | 2024년 7월 15일

펴낸이 | 이진희
펴낸곳 | (주)리스컴

주소 | 서울시 강남구 테헤란로87길 22, 7151호(삼성동, 한국도심공항)
전화번호 | 대표번호 02-540-5192
　　　　　편집부 02-544-5194
FAX | 0504-479-4222

등록번호 | 제 2-3348

ISBN 979-11-5616-226-1 (13590)
책값은 뒤표지에 있습니다.

블로그
blog.naver.com/leescomm

인스타그램
instagram.com/leescom

유튜브
www.youtube.com/c/leescom

유익한 정보와 다양한 이벤트가 있는 리스컴 SNS 채널로 놀러오세요!